科普图书馆

了不起的鸟世界

手段最高明的鸟

廖春敏　主编

上海科学普及出版社

图书在版编目（CIP）数据

手段最高明的鸟/廖春敏主编. — 上海：上海科学普及出版社，2014.9

（了不起的鸟世界）

ISBN 978-7-5427-6198-9

Ⅰ.①手… Ⅱ.①廖… Ⅲ.①鸟类—普及读物 Ⅳ.①Q959.7-49

中国版本图书馆CIP数据核字（2014）第172602号

策　　划　胡名正
责任编辑　刘湘雯

了不起的鸟世界
手段最高明的鸟
廖春敏　主　编
上海科学普及出版社出版发行
（上海中山北路832号　邮政编码 200070）
http://www.pspsh.com

各地新华书店经销　　三河市恒彩印务有限公司印刷
开本　889mm×1194mm　1/16　印张 8　字数 160 000
2014年9月第1版　2014年9月第1次印刷

ISBN 978-7-5427-6198-9　　　　　　　定价：23.80 元

前 言

FOREWORD

  鸟是一群自由的精灵，它们能翱翔天空，也能潜游水中；它们能行走陆地，也能栖身树梢。鸟是美丽的天使，有的具有靓丽夸张的嘴喙，有的具有美艳华丽的体羽，有的具有无比绚烂的长尾。鸟还是跳动的音符，它们鸣啭、啁啾，或是呱呱噪啼，为森林或城市带来一丝丝盎然生意。

  也许是鸟儿们带给了人类最初飞翔的梦想，所以一直以来，人类对鸟总有一种强烈的好奇心和亲近的愿望，就连达尔文进化论也是由他偶然发现的"达尔文雀"催生的。而且自古以来，鸟类就和人类有着千丝万缕的联系，世界各地都流传有各种不同的和鸟类相关的神话和传说。中国的神话故事精卫填海、杜鹃啼血向我们传递着美好的信念。在欧洲的一些地方，一直流传着白鹳的美丽传说：它们在谁家屋顶安巢，谁家就会喜得贵子，幸福美满，在欧洲的乡村，家家户户的屋顶烟囱上都搭有一个平台，那是专为送子鸟筑巢准备的。到了现代，鸟类更是给了人们许多有价值的启示：人们首先根据天空中飞行的鸟的特性，制造了飞机；后来，又研究猫头鹰灵巧无声的飞行，改造了飞翔的性能；还通过研究鸽子来预测地震。鸟类激发了人类的灵感，创造出各种各样的奇迹，并从中获益无穷。

  为了带给读者一本更直观真实认识鸟的读物，我们从千千万万种鸟类中，精心挑选出不同生境中具有代表性的鸟，捕捉到这些精灵的每一个精彩瞬间，用生动的语言，讲述故事一般地把这些鸟类的基本特征、繁殖策略、奇异行为、独特本领、捕食妙招等各种令人惊叹的非凡能力展现给每一位读者，让读者看到一个了不起的鸟世界。

　　本丛书"了不起的鸟世界"共分3册，本册《手段最高明的鸟》，讲述那些在取食、育雏、御敌等各方面具有独特本领的鸟类。有使用手段，借助外力来帮自己孵卵的家雉；有求偶时知道带着礼物去讨好"新娘子"的燕鸥；有冷酷无情的杀手鸟——蜂虎；有智商超群的八色鸫；有最爱做善事的灶鸟；还有最善于设计建造房子的园丁鸟……本书将带领读者了解更多的具有高智商会"耍手段"的鸟类那些鲜为人知的"内幕"，并将读者带入更深入的思索，以解答更多的疑问和谜团。

　　为了给读者创造更好的阅读享受，让读者更真实地体验到各种鸟类生存的精彩画面，参与本书编撰出版的诸位老师：廖春敏、李坡、孙鹏、王玲玲、刘佳、陈晓东、李立飞、白海波等，在文字撰写、图片使用、版面设计上都倾注其所有心思，力求做到文字充满青春张力、图片新颖贴切、设计清丽明快。在此感谢以上各位老师为本书所做的各种工作！

　　最后，希望本书能够成为各位读者了解鸟类世界的良师益友。

目录 CONTENTS

信天翁 不长胡子的"老寿星" …… 1
滑翔冠军……………………… 2
依赖海洋……………………… 2
一对伴侣,一个孩子………… 3
来自延绳捕鱼的威胁………… 5

红 鹳 我的孩子有奶喝 …… 7
长腿涉禽……………………… 8
居于热带洼地………………… 9
抽水加过滤…………………… 9
3万只的雏鸟群……………… 10
条件恶劣……………………… 13

鸬 鹚 没有餐桌不进餐 …… 15
适于潜水……………………… 15
见于全球……………………… 15
扎水捕鱼……………………… 16
起死回生……………………… 17

冢 雉 借用外力来孵卵 …… 18
大脚鸟………………………… 18
远离掠食者…………………… 19
"热工程师"………………… 20
身处险境中的卵……………… 22

燕鸥 带着"礼物"来求亲 … 23
黑顶粉胸…………………… 23
几乎无处不在……………… 23
扎入式潜水者……………… 24
终身伴侣…………………… 27
来自人类的压力…………… 31

贼鸥 鸟类中的不名誉者 ……… 32
食物多样化………………… 32
穿越世界的候鸟…………… 34
俯冲捍卫…………………… 36

鸽子 "超生"不怕累 ………… 38
五颜六色的鸽子…………… 38
部分为候鸟………………… 39
食种子或果实……………… 40

多产多福…………………… 40
成败皆有…………………… 43

杜鹃 鸟类界的无良"公民" … 45
坏名声来自寄生行为……… 47
瞒天过海…………………… 48
相对安全…………………… 50

蕉鹃 "真材实料"的花衣裳 … 51
钟爱果实…………………… 51
独特色素…………………… 51
秘密繁殖…………………… 52
身处险境…………………… 53

蜂虎 冷酷的杀手 …………… 54
喙大腿长…………………… 54
基本在热带………………… 56

蜜蜂克星	57
凿穴营巢	60
养蜂人的眼中钉	62

刺鹛 "志愿者"的如意算盘 … 63
易受威胁的小鸟	63
营巢协助者	64
来自白鼬的威胁	65

八色鸫 鸟类界的"爱因斯坦" … 66
森林地面的群居者	66
亚洲至非洲	67
觅食于落叶层	68
共同孵卵育雏	69
适应性强但并非高枕无忧	69

娇鹟 这样才是"好哥们" …… 70
绚丽的雄鸟、暗淡的雌鸟	70
新热带的森林居民	71
"飞袭"果实	71
向雌鸟炫耀	72

灶鸟 最有善心的鸟儿 …… 74
多样却单调	75
筑巢专家	76
面临危险的少数派	79

蚁鸟 借用外力,达成心愿 …… 80
新热带森林中的地面鸟	80
混合鸟群的核心	83
巢形:科的标志	84

缩减的森林栖息地	85

鸦 这样的智商要逆天 …… 86
体大、强健、聪慧	86
协作繁殖	90

黄鹂 用假象迷惑敌人 …… 92
树阴层之鸟	92
有待进一步揭秘	93
面临威胁	94

园丁鸟 创意大师 …… 95
建筑大师	95
雨林居民	96
以森林果实为食	96
筑亭求偶	97

鹟 不同的婚姻方式 ·············· 100
耐心的食虫鸟·················· 100
善于欺骗···················· 101

嘲鸫 盗窃高手 ·············· 103
新大陆的模仿家················ 103
见于地面···················· 104
零乱的巢···················· 105

鹪鹩 房地产开发商 ············ 106
丛林中的小型觅食者·············· 107
集中在美洲··················· 108
歌声优美、具领域性·············· 109
来自猫和鼠的威胁··············· 110

山雀 高智商群体 ············· 111
灵巧的捕虫手·················· 111
集中在赤道以北················· 113

莺 "缝"叶筑屋 ············· 114
分成数大类··················· 114

并非仅限于旧大陆··············· 116
为配偶而歌··················· 119
孤立的种类面临威胁·············· 120

信天翁 不长胡子的"老寿星"

信天翁在鸟类世界可算得上是老寿星了,它们平均可存活30年。但自然界也自有它的公平性,这种鸟是世界上性成熟最晚的鸟,一般9~12岁时才进入繁殖期,同时它们的产卵数量也最少,雌鸟一年只能产一枚卵。而且它们的孵化期也是最长的,需要2个多月。繁衍后代如此艰难,使得这种鸟格外忠贞:当一对配偶关系确立之后,它们会相伴到白头。除非对方死亡,或数次繁殖失败,否则它们是不会离开的。

过去,迷信的水手将信天翁视为不幸葬身大海的同伴的亡灵再现,因此深信杀死一只信天翁必会招来横祸。塞缪尔·泰勒·柯勒律治的著名诗篇《古代水手的诗韵》正是叙述了在一只信天翁被枪杀后灾难是如何降临到一艘船上的故事。然而,即便如此,许多19世纪的水手仍热衷于捕食这种鸟类来丰富一下漫漫航途中单调乏味的伙食,并将它们的脚折入烟袋中,将翅膀的骨头放进烟管里。信天翁"albatross"这个词从葡萄牙语"alcatraz"一词发展而来,最初用于指任何一种大型的海鸟,很明显,这个葡萄牙词源于阿拉伯语"al-cadous",指鹈鹕。信天翁与本目(鹱形目)其他科鸟类的不同之处在于,它们的管状外鼻孔的位置是分布在喙基部的两侧,而非聚合在喙基顶部。信天翁科下分为4个属:"Diomedea"属,即"大信天翁",包括6个种,平均翼展达3米;"Thalassarche"属,有9个相对较小的种,通常被称为"mollymauks"(源于荷兰语"mollemok",最初指臭鸥);"Phoebastria"属,包括4个

↗ 新西兰查塔姆群岛上的北部新西兰信天翁,其迁徙能力非常突出,从繁殖地横跨南太平洋到智利和秘鲁。返途时先利用洪堡洋流往北飞行,再回到繁殖地。

北太平洋和热带太平洋地区的种类。由一身深色的乌信天翁和灰背信天翁组成的"Phoebetria"属，具有相对较长的翅膀。通过近年来的分子分析，得到承认的信天翁种类已由14种增至21种。

● 滑翔冠军

信天翁以毫不费力的飞翔而著称于世。它们能够跟随船只滑翔数小时而几乎不拍一下翅膀。它们为减少滑翔时肌肉的能耗而体现出来的适应性之一，便是有一片特殊的肌腱将伸展的翅膀固定。其二是翅膀的长度惊人，较之鹱形目其他科的鸟类，信天翁的前臂骨骼与指骨相比显得特别长。翼上附有25~34枚次级飞羽，相比之下，海燕仅有10~12枚。于是，信天翁的翅膀如同极为高效的机翼，高"展弦比"（翼长与前后宽之比）使它们能够迅速向前滑翔，而下沉的概率很低。这种对快速、长距离飞行的适应性令信天翁得以从它们在海岛上的繁殖基地起飞，翱翔于茫茫的汪洋大海上空。

● 依赖海洋

从跟随船只的习性就不难知道，信天翁是出了名的食腐动物，喜食从船上扔下的废弃物。它们的食物范围很广，但经过对它们胃内成分的详细分析发现，鱼、乌贼、甲壳类动物构成了信天翁最主要的食物来源。它们主要在海面上捕食这些动物，但偶尔也会像鲣鸟一样钻入水中，深度达6米（灰头信天翁），甚至最深可达12米

↘黑眉信天翁的觅食之旅可以持续数天，飞越数百千米。它们常常是低空滑翔，从海面或水面略下处捕食，偶尔深入水面下9米处猎食。

知识档案

信天翁
目 鹱形目
科 信天翁科
4 属 21 种。种类包括：阿岛信天翁、皇信天翁、漂泊信天翁、黑脚信天翁、黑背信天翁、加岛信天翁、短尾信天翁、灰背信天翁、乌信天翁、黄鼻信天翁、黑眉信天翁、新西兰信天翁、灰头信天翁等。

分布 从约南纬25°至亚南极的南半球海域，并利用该区域内的岛屿进行繁殖（有17种）；北太平洋（3种）以及加拉帕哥斯群岛和秘鲁外海（1种）。

栖息地 海洋。

体型 体长从68～93厘米至110～135厘米，翼展从178～256厘米至250～350厘米。

体羽 白色，翼尖深色。雌鸟白色，眉、背、翼正面和尾为深色。

巢 大部分筑—土坑，衬以羽毛和草。热带种类较少筑巢，加岛信天翁则不筑巢。

卵 一窝单卵；白色。孵化期65～79天。

食物 乌贼、鱼、甲壳类及渔船废物。

（灰背信天翁）。

信天翁有时会在夜间觅食，因为那时很多海洋有机物都浮到水面上来。有关信天翁白天和夜间觅食的比例问题，人们通过让它们吞下一个传感器的办法便可以获得详细信息。传感器位于胃中，当信天翁吞入一条从寒冷的南大洋水域中捕获的鱼时，体内温度会立刻降低，传感器便将此记录下来。摄入的食物成分比例因种类而异，而这对信天翁的繁殖生物学有很大的影响。

● 一对伴侣，一个孩子

信天翁寿命相当长，平均可存活30年。但它们繁殖较晚。虽然3～4岁时生理上就具备了繁殖能力，但实际上它们在之后的数年里并不开始繁殖，有些甚至直到15岁才进行繁殖。刚发育成熟后，幼鸟会在繁殖季节临近结束时出现在繁殖地，但时间很短；接下来的几年内它们才会花越来越多的时间上岸来寻求未来的另一半。当一对配偶关系确立下来后，通常就会一直生活在一起，直到一方死亡。"离婚"只发生在数次繁殖失败后，并且代价很大，因为它们接下来几年内都不会繁殖，直至找到新的配偶。事实上，对于漂泊信天翁而言，一次"离婚"会导致它们的生殖成功率永久性地降低10%～20%。

大部分信天翁都群居营巢，有时成千上万对配偶将巢筑在一块，只有Phoebetria属的2个种类主要在悬崖的岩脊上单独营巢。有几个种类的巢为一个堆，由泥土和植物性巢材筑成，

↗ 信天翁的代表种类

1.一只未发育成熟的黑眉信天翁在飞翔；2.一对加岛信天翁在求偶炫耀；3.一只灰背信天翁和它的雏鸟；4.一只漂泊信天翁和它的雏鸟，雏鸟在抚养期可消耗65千克的食物。

非常大，成鸟爬上去都有困难。热带的信天翁较少筑巢，加岛信天翁则根本不筑巢，它们将卵置于足部四处游荡。雄鸟在繁殖期开始时先来到群居地，然后在雌鸟加入后进行交配。

孵卵任务由双方共同承担，一般

为几天轮换一次。整个孵化期约为65天（为较小的种类）至79天（皇信天翁）。对于刚孵化的雏鸟，亲鸟开始时主要是喂育，后来则主要是看护。在出生20天后，看护期结束，接下来成鸟只是定期回到陆地给雏鸟喂食。黑脚信天翁的雏鸟白天常常会在巢周围30米内踱步，寻找阴凉处，但只要亲鸟带着食物一到，它们立即冲回巢中。成鸟会在岸上逗留足够长的时间来辨认雏鸟，喂给它们未消化的海洋动物肉和消化猎物所产生的富含脂类的油。

育雏期间，有些种类的亲鸟双方轮流到遥远的捕食区域去觅食，短则1~3天，长则5天以上。而漂泊信天翁更是令人敬佩，雄鸟往往会比雌鸟飞到更远的南方去寻找食物，也就是要面对更寒冷的海水和暴风雨，更多的恶劣天气。因此漂泊信天翁的雄鸟无一例外地具有比雌鸟更高的翼负载（体重与翼面积之比）。

信天翁长齐飞羽需要120天（黑眉信天翁和黄鼻信天翁）到278天（漂泊信天翁）不等。因此最长的留巢期也出现在后者身上，包括孵化期在内长达356天，这意味着漂泊信天翁只能隔年繁殖，因为每次繁殖后都必然有一个换羽期。事实上，已知至少有9个种类为2年繁殖一次，包括全部的"大信天翁"种类、灰背信天翁、乌信天翁和灰头信天翁。

人们曾以为在不繁殖的那一年，信天翁会在海上漫无目的地飞行。但附于漂泊信天翁身上的现代传感器显示情况并非如此，个体会朝海上的某个特定区域飞去，并在那里度过大部分时光。

● 来自延绳捕鱼的威胁

信天翁的繁殖群居地由于在孤立的海岛上，没有天敌，因而长期以来一直保护良好。但自从被船员水手们发现后，便蒙受了巨大损失：蛋被攫取，成鸟被害。而随着羽毛被用于人类服装和寝具的制造后，它们更是遭到了大肆劫掠。短尾信天翁便因人类收取它们的羽毛而几近灭绝：数十万只鸟被捕杀，种类的繁殖行为在20世纪40年代后期和50年代早期一度完全停止。这一种类得以生存下来是因为那些幼鸟当时不在繁殖群居地，而在海上游荡，相对比较安全。后来它们按既定航线回来，从而"拯救"了整个种类。自1954年恢复繁殖以来，日本南鸟岛上的短尾信天翁数量出现了缓慢的回升，现在其中一个主要繁殖群的规模达到了约200对。黑背信天翁则由于太平洋中北部岛屿——中途岛成为美国的空军基地而受到了严重威胁。这些鸟类在军事基地和机场跑道周围营巢，结果很多与天线和飞机相

↗ 在繁殖期，信天翁（如本图中这对漂泊信天翁）会联手表演求偶仪式，比如跳一种类似芭蕾的奇怪舞蹈，有鞠躬、刨土、咬喙、发鼻音鸣声等动作。

撞而死。

而信天翁在海上面临着更多的潜在危险。除了漏油和化学污染物带来的危害，更迫在眉睫的威胁来自人类的捕鱼活动。尽管如今已禁止在公海使用刺网，但所谓的"延绳法"则被广泛用于捕捞海底的鱼类，如智利鲈鱼，以及中层水域的鱼类，如金枪鱼。仅一条捕捞金枪鱼的延绳就长达100千米。延绳布好后，饵钩从渔船的船首散开去。对于这种诱惑，信天翁恰恰是难以抗拒的。它们吞下了诱饵，结果被钩住了，随后被延绳拖入水中，最终数小时后被捕鱼者连同其他猎物一起拉上来。每年有多达44000只信天翁就这样遇害，从而导致了南大洋部分种类数量的减少。

一些切实可行的措施能够有效地降低这种威胁，如在夜间布绳。同时，国际组织正在积极说服有关国家和渔船队采取对信天翁无害的捕鱼办法。然而，随着全世界的捕捞船队进一步开发南部海域，一种新的威胁摆在了它们面前，即人类有可能与信天翁直接争夺磷虾、乌贼和其他海洋生物资源，这势必将影响它们的生存。

红鹳 我的孩子有奶喝

> 鸟类也能分泌乳汁？这不是什么奇闻，红鹳鸟就能做到。这种鸟乳的营养价值跟哺乳动物不相上下。更厉害的是这不是雌鸟的特权，雄鸟也照样可以哺乳。

红鹳（又称"火烈鸟"）究竟丑还是美取决于它们的数量：一只红鹳看上去也许有些奇形怪状，然而，当200万只粉红色的红鹳聚集在肯尼亚里夫特山谷的纳库如湖畔时，绝对是一幅令人叹为观止的壮丽画面。红鹳是一个古老的群落，化石证据表明其历史至少可追溯至中新世时期（约1000万年前）。

红鹳的分类至今仍存在很大的争议。有人将它们视为鹳形目的一个亚目，但它们的蛋清蛋白与鹭科种类相似。若从行为特征和羽虱角度而言，它们似乎更像水禽类（雁形目），但近来又有人认为红鹳与斑长脚鹬相似，从而强调它们与涉禽类（形目）存在亲缘关系。

由于红鹳与其他鸟都各不相同，有人则干脆将它单独列为一目，确定为"红鹳目"。安第斯红鹳和秘鲁红鹳与其余红鹳类的不同之处在于后趾缺失，但这2个种类以及小红鹳较之于大红鹳又具有一个更为特化的觅食器官。

奇怪的是，系统生物学的创始人林奈在他的描述中将美洲红鹳作为红鹳科的代表种类，而非人们更熟悉的大红鹳。想必是早期前往西印度群岛的旅行者们为他提供了他所描述的种

小红鹳主要为非洲种，但在巴基斯坦和印度也有数量可观的种群。

↗ **红鹳的代表种类**
1.在觅食的秘鲁红鹳；2.小红鹳，它为了滤食能够用喙每秒钟抽水20次；3.智利红鹳；4.大红鹳，为该科中分布最广的种类。

类样本。

● **长腿涉禽**

　　红鹳体大，头小，颈长，腿长，适于涉水。成鸟的体羽为粉红色和深红色，初级、次级翼羽为黑色，这使它们看上去非常醒目。美洲红鹳为红鹳的最大种。体羽和翼羽在一个繁殖周期仅有单次一次性换羽。腿、喙和脸部色彩鲜艳，为红色、粉色、橙色或黄色。足相对较小，具蹼，可用于游泳或踩踏淤泥，以搅起食物残渣。雄鸟大于雌鸟，在某些种类中尤为明显，而这种体型上的差别也是两性之间唯一明显的区别。

　　雏鸟孵化时长有灰白色绒毛、粉红色的直喙和圆胖的腿（两者在1周后都转为黑色）。幼鸟新长出的羽毛为灰色，带褐色和粉红色斑纹，腿和喙为黑色。待飞羽长齐后，喙开始从中部起下弯；上颌小，成盖形；下颌大，成槽形；边缘均有用于过滤的栉状结构即"栉板"。舌厚并具刺。

● 居于热带洼地

化石表明，除了如今生活的地区，红鹳曾经遍布欧洲、北美和澳大利亚的许多地方。但现在，它们仅见于极为分散的洼地中。大部分种类居于热带，不过大红鹳也广泛分布于南部古北区——从地中海东北部至哈萨克斯坦。在大西洋两岸，红鹳见于沿海及内陆的湿地中，包括一些海拔高的湖泊。

所有红鹳的迁移活动往往都缺乏规律，具体则与季节、水位、食物供应状况以及年龄大小有关。某些分布区的红鹳会迁徙至那些冬季天寒地冻的繁殖地，然后返回，如哈萨克斯坦和俄罗斯境内的大红鹳。那些重新被找到和发现的"标记鸟"向人们表明，有时红鹳会利用非繁殖期进行大范围的迁移，从欧洲或亚洲的繁殖地飞往数千千米外的非洲湿地。有些曾在同一个群居地的红鹳会广为分散，而有些红鹳则会多年定居一地（见于法国）。可见红鹳的迁移模式错综复杂。另外，许多红鹳通常在夜间进行长途飞行。

● 抽水加过滤

红鹳昼夜都进食。小型种类的食物与众不同，喜食生活在碱性湖和咸水湖中的青绿色细小海藻和硅藻。相比之下，大型红鹳则主要以无脊椎动物、幼虫和甲壳类为食。

红鹳的觅食方式非常独特。它们将喙倒置于水中，把舌头当做活塞，这样嘴张大时水和淤泥便通过具有过滤作用的栉板被吸入和排出，频率为每秒3~4次。这种过滤觅食的方法与须鲸颇为相似。小型种类如小红鹳、秘鲁红鹳和安第斯红鹳的喙凹陷很深，精细的食物可以保留下来，而粗糙的

↗ 一只安第斯红鹳的雏鸟在巢墩上

与大多数涉禽类和水禽类不同的是，红鹳的雏鸟在孵化后会留在巢中5~8天。它们粉红色的直喙和圆胖的腿在出生1周后都会变成黑色。

知识档案

红 鹳
目 鹳形目
科 红鹳科

3属5种：秘鲁红鹳、安第斯红鹳、小红鹳、智利红鹳、大红鹳。另大红鹳有2个亚种：大红鹳亚种和美洲红鹳亚种。

分布 世界范围内，大量分布在热带和暖温带地区，有些分布于高海拔地区。

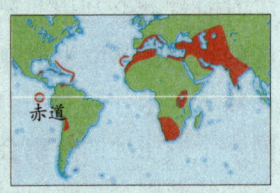

栖息地 浅的盐碱湖和湖泊。

体型 体长80~145厘米，体重1.9~3千克。雌鸟小于雄鸟。

体羽 粉红色，两性相似。

鸣声 响亮似鹅叫声。

巢 泥筑的土墩。

卵 通常为一窝单卵；白色；重约100克。孵化期28~30天，雏鸟留巢期75天。

食物 海藻和硅藻，小型水栖无脊椎动物，尤其是甲壳类、软体动物以及昆虫幼虫。

东西一律被栉板排除在外。喙凹陷较浅的美洲红鹳、大红鹳和智利红鹳则为大型种类，主要以卤蝇、盐水丰年虾、蟹守螺等无脊椎动物为食，从水底淤泥中获得，方式一般为在浅水域涉水、偶尔潜水，或者有时像鸭子一样倒竖水中。红鹳身上鲜艳的红色源于它们直接或间接摄取的海藻中含有丰富的胡萝卜素。此外，青绿色的

海藻是一种蛋白质含量极为丰富的物质，在东非，小红鹳经常数目众多地聚集成群，这与浮游型海藻钝顶螺旋藻形成的稠密"水花区"有关，它们的成功繁殖很可能就是依赖于这样的水花区。

● 3万只的雏鸟群

红鹳的寿命很长，数只人工饲养的红鹳已有60岁，而在野生种类中活到40岁也可能相当普遍。不过，虽然人工饲养的配偶可以在一起数年，但在大红鹳中配偶之间的关系却并不持久，不同的繁殖期会更换不同的配偶，甚至在同一年内2个连续的繁殖期中间也会更换伴侣——这是人们在法国南部的卡马格所观察到的。

所有红鹳种类的繁殖相当没有规律，它们是否营巢繁殖很大程度上取决于降雨情况以及由此对成鸟食物供应状况产生的影响。巢墩用泥土筑起，可高达30厘米，从而能够不被洪水淹没，并避免地面温度过热。雌雄鸟共同筑巢，采用的方法很简单，用喙朝着脚或身子这边刨土。不过这种行为使营巢地逐渐恶化。在卡马格，繁殖岛每年都爆满。姗姗来迟的繁殖者只能试图在各个巢墩之间的坑洼处筑巢，或者只有等先来的繁殖者能够在它们营巢之前将巢墩腾出来让给它们。在毛里塔尼亚（西非）的基奥尼

◤ 一个小红鹳群体在肯尼亚里夫特山谷的博戈里亚湖
数百万只鸟聚集于该地区的咸水湖中,从矿物质丰富的咸水中摄取大量浮游生物。

群岛上,大红鹳将巢筑于大西洋中露出海面的岩石上,将卵产于光秃秃的石面上。

卵为一窝单卵,很大,呈白垩色,由双亲轮流孵化,轮班时间为2~4天。成鸟孵卵时,像其他鸟一样将双腿曲于身下,并不是像民间故事中所说的那样将腿从巢中垂悬下来。

雏鸟孵化后会留于巢中数日,亲鸟会喂以由其上消化道的腺体或者嗉囊分泌的一种分泌物。美洲红鹳长至4~6周时便能自己觅食,而至少在大红鹳和小红鹳中,亲鸟会一直喂养至雏鸟长齐飞羽,那时雏鸟的喙就会长成像成鸟那样的钩状,具备了独立觅食的能力。

雏鸟离巢后会加入到雏鸟群中。小红鹳的雏鸟群可有3万只雏鸟。亲鸟通过辨别雏鸟的鸣叫声来找到自己的雏鸟,然后给它单独喂食。这种喂食行为主要发生于夜间,并且随着雏鸟活动能力日益增强,往往需要花上半个小时甚至更长的时间。

大红鹳和小红鹳在非洲一些大

的盐碱洼地营巢，当营巢地因高温日晒而干涸时，成群的雏鸟便需要踩着坚硬的盐层长途跋涉去觅水，有时行程长达80千米。这些自然营巢地在干旱年份或有洪灾时就不能用，也许10年里仅可用上一两次。在这样的条件下，红鹳必须与时间赛跑，即赶在洼地再次干涸前育完雏。这些地方的水盐分很高，雏鸟若不慎便有可能被套以一副盐碱"脚镣"——在它们的腿部周围形成一圈盐碱物，导致有时数千只飞羽未长齐的雏鸟活活饿死。对此，人们采取了大量的援救行动来减少损失。

在欧洲，人们通过在西班牙的研究发现：夏季，当在马拉加的繁殖地干涸时，数千只雏鸟的亲鸟会飞往150千米外的瓜达尔基维尔河口的沼泽地觅食。由于双亲共同喂养雏鸟，因此大部分鸟只需每两天这样往返一次，但仍有部分鸟会在同一天夜里赶回觅食区。类似的长途觅食飞行还发生在繁殖于安的列斯群岛博内尔岛上的美洲红鹳身上，它们中的一部分会飞至委内瑞拉沿海的湿地中去觅食。

雏鸟长到约11周后开始会飞，然

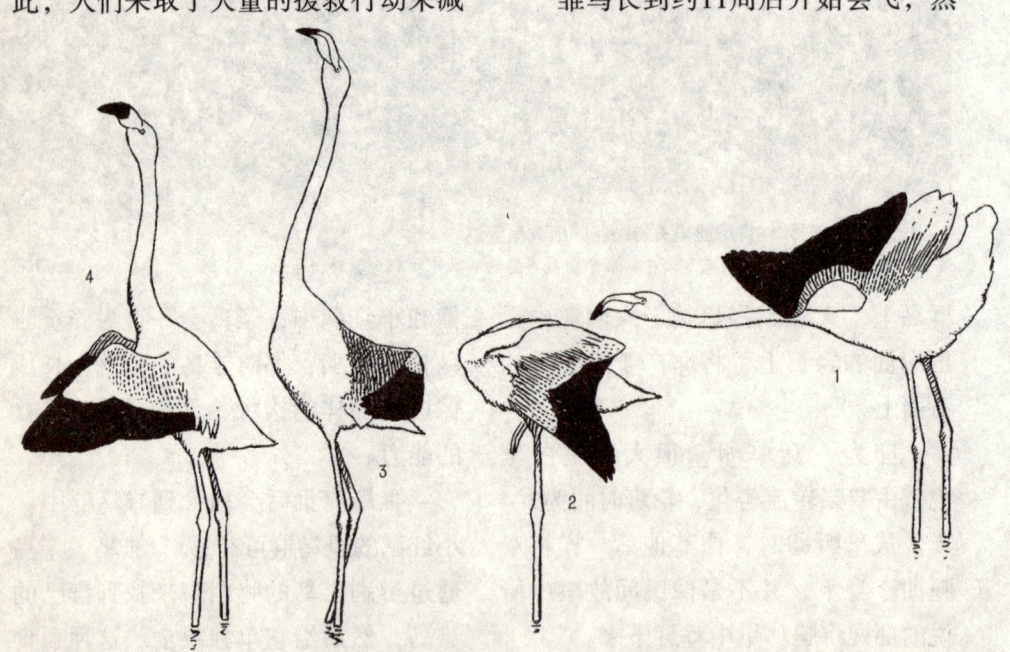

↗ 红鹳的炫耀行为与它们日常所做的梳羽和伸展活动并无多大差别，只是炫耀行为的动作更有力度，在群体中更富有感染力，顺序也更固定。（相比之下，雌雄鸟之间的交配炫耀几乎不存在或是相当不明显。）常见的行为有举头后的"翅膀敬礼"——翅膀向边上展开再折起。给人的印象是一片粉红色中有一道黑色闪过。1."反转式翅膀敬礼"（图中为一只大红鹳）：身体前倾，翅膀部分张开，举过背。2.翅膀敬礼后有时会随之以"扭转梳羽"，此处为一只美洲红鹳扭转颈部，然后向前闪开一翼，露出黑色羽毛，用喙在翅膀后面梳羽。翅膀敬礼的具体方式依种类而不同，如大红鹳3和智利红鹳4。

后在接下来的2~3年内逐渐褪去幼鸟的灰色。但只有当羽色完全变成粉红色后，它们才会进行求偶炫耀和繁殖。在卡马格的研究表明，大红鹳从未在3岁以前繁殖，而大部分要到6~7岁才进行繁殖。在动物园中，只有当人们认识到了成鸟羽色的重要性并努力提高食物中的类胡萝卜素含量后，红鹳才得以成功营巢繁殖。最初，人们在食物中注意补充胡萝卜、胡椒、干虾等成分，如今，人们将合成角黄素添加至食物中，从而使人工饲养的大型红鹳种的繁殖变得越来越有规律。

红鹳在其生命的各个阶段都具高度群居性，炫耀地和营巢群居地自然是一片热闹。小规模的繁殖几乎鲜有听闻，虽然美洲红鹳算是一个例外——它在加拉帕戈斯群岛的孤立种群偶尔仅有三五对一起营巢。群体炫耀仿佛使群居地的所有红鹳同时都做好了配对的准备，从而可以确保在并不安全的繁殖栖息地实现快速、同步的产卵。

• **条件恶劣**

红鹳的羽毛在阳光下会逐渐褪色，也许这便是它们的羽毛在过去没有被大规模用于交易的原因之一。但红鹳的舌头曾被人们当做一道美味佳肴，而它们的脂肪至今仍被一些安第斯的矿工视为治疗肺结核的良方。

盐碱提炼工业的发展给世界许多地方的生态环境都造成了很大的威胁，然而，在卡马格及博内尔岛，由盐工业生成的人工湖却在相当程度上成功地为红鹳所接受。在卡马格的沙

▷ 红鹳起飞前会像这只大红鹳一样先跑上数步，然后振动翅膀，最后升入空中。

林德格罗附近，人们于1970年在盐池中建起了一个小岛，以解决红鹳在当地没有合适的自然栖息地的问题。用泥桶浇筑的人工土墩吸引了红鹳来岛上营巢。自1974年以来，红鹳一直在那里进行繁殖，至今该地仍是法国境内唯一的红鹳繁殖地。

红鹳鲜有天敌，因为它们往往生活在环境恶劣的地方，那里的水盐碱度非常高，以致盐水湖中几乎没有植被，周围的水域犹如一片荒漠。而在地中海的几个群居地很容易受到侵扰，偶尔连狐狸和迷路的狗都会伤害它们的卵和雏鸟。不过，该地区的主要天敌则是黄腿鸥，仅卡马格每年就有成百上千枚卵和幼雏被这种鸟掠走。不过，尽管如此，当地红鹳的数量仍在上升。在更靠北的分布区，大红鹳有时必须面对严冬的考验，连续数日的严寒天气会使它们遭受重创。如1985年1月，由于气温持续2周都在冰点以下，3 000多只红鹳在法国南部因饥寒交迫而死。

栖息地的环境变化和开发利用使所有红鹳都深受影响。秘鲁红鹳数量已经很稀少，而深红色的美洲红鹳或许面临着更大的威胁，因为它们仅在环墨西哥湾的4个主要群居地（尤卡坦半岛、伊纳瓜群岛、古巴和博内尔岛）繁殖，而且动物园对它们的需求量也很大。由于途中运送条件恶劣，它们往往难以坚持到目的地，另有许多在被人捕获后死亡。至今，3个小型种类的红鹳在人工饲养条件下几乎或完全没有个体进行繁殖，人们仍在大量猎捕野生红鹳送往动物园。

之前，人们对各个红鹳种类的数量进行了估计，下面的数据只能大概地反映出目前世界上究竟有多少红鹳：小红鹳500万只，大红鹳和智利红鹳各50万只，美洲红鹳10万只，安第斯红鹳和秘鲁红鹳各5万只。

↗ 一只红鹳妈妈在给孩子喂"奶"。

鹗 没有餐桌不进餐

> 鹗由大型食肉鸟特化为食鱼型。捕获猎物后，它们会在空中调整好猎物在爪子中的位置，以减少飞行时带来的阻力。它们还有专门进食用的餐桌——一根栖木。就餐时，它的一只脚紧紧抓住栖木，另一只脚牢牢扣住鱼，然后用嘴将鱼撕碎。

鹗，或称鱼鹰，为最具特色的大型食肉鸟之一。它完全是一种食鱼的特化种，不同于其他任何昼行性的猛禽，故通常单独列为一科。鹗捕鱼的过程堪称鸟类世界中最壮观的景象之一。从15~60米的空中俯扑下来，足置于最前面，翅膀半合。然后常常是完全扎入水中，最后擒着猎物浮出水面（擒获的鱼最重可达1.2千克）。

● 适于潜水

鹗腿长，脚很大，足底覆有角质刺，脚尖具长而后弯的锐利爪子。这些爪子是鹗潜水时理想的开路先锋，当然也是在水下捕鱼的利器，鱼身再滑溜，也难逃其爪。外趾很大，并且像猫头鹰的外趾一样可以往后转动，从而扩大了可攫住的范围。由此，鹗的脚爪攫紧的力度非常强，甚至曾有报道说鹗逮住大型的鱼不放，结果自己一直被鱼拖着走。鹗的头窄，潜水时阻力较小。它们没有大部分鹰所常见的眉脊。鼻孔具瓣膜，入水时闭合，防止水进入。具有典型的食鱼类长肠，保证鱼吞入后得到充分的消化。鹗的翅形也相当独特，狭长，有点像鸥的翅膀，可以确保鹗在空中长时间觅食飞行的效率。

● 见于全球

鹗在世界范围内繁殖，除了南美洲南部的陆地和非洲的撒哈拉以南地区。它们具有高度的迁徙性，冬季全部从北温带和温带撤离。不过，一些不迁徙的鹗会在澳大利亚及周围岛屿上繁殖（从新喀里多尼亚岛北部至苏拉威西岛和爪哇岛）。

欧洲的鹗往非洲迁徙，剩少量的留鸟于地中海和红海附近；北美的鹗往中南美洲迁徙，剩留鸟于佛罗里达和加勒比海地区。因此，鹗的过冬迁徙范围总体上与其他大型食鱼类猛禽（如海雕）相吻合，只有在澳洲的情况例外，这或许是鹗在南半球繁殖分

1.鹗在世界上很多沿海地区和河流附近都可以经常看到；2.这种食鱼特种依靠敏锐的视力来锁定潜在的目标；3.粗糙的表面和弯曲的爪子使鹗的脚非常适于从水面下擒住表面光滑的鱼。

知识档案

鹗
目 隼形目
科 鹗科

分布 世界性。

赤道

栖息地 主要在沿海，也栖息于湖泊和河流。

体型 体长至62厘米，体重1.2~1.9千克。

体羽 上体深褐色，下体白色；头白色，眼黄色，周围有一圈黑罩。

鸣声 节奏快，音高，似笛声。

巢 一个巨大的树枝堆，通常筑于树顶、电线杆、高压线铁塔或岩顶。

卵 窝卵数2~4枚；底色为白色，带有红色、褐色和巧克力色斑。孵化期35~43天，雏鸟留巢期约50天。

食物 鱼。

布反常的体现。在一些地区，鹗主要分布在沿海，而在另外一些地区，它们出现在湖泊和河流附近。这种差异可能与来自其他食鱼类猛禽和猫头鹰的竞争有关。

鹗能够捕食多种相当大的鱼，具体取决于当地有什么样的鱼，通常大小在150~300克左右。如果以60%~70%的捕鱼成功率来计算，它们一般在2~3小时内就可以捕获一天所需的鱼。而它们的营巢地、栖息地和觅食地之间的距离往往在10千米以上。

● 扎水捕鱼

鹗觅食时在水面上空做振翅飞翔或滑翔，需要查看猎物时会做短暂的盘旋，有时便直接扎入水中追逐猎物。它们的斑纹不同寻常，上体深色，下体浅色，使它们从下面看很难被发现，这种隐蔽性类似于战斗机的伪装。在即将触水时，鹗向前伸出爪子来捕鱼，有时从水面上直接逮到鱼，但更多的是完全沉入水中。在成功捕获猎物后，鹗浮出水面，展开双翅，奋力拍动，飞入空中，同时振落羽毛上的水。接下来它会调整鱼的方向，使之头向前，从而将空气阻力减至最小，最后飞到某根适于进食的栖木上或回到巢中。在鹗的很多分布区内，大型的留鸟鱼雕会抓住一切机会来抢夺鹗的猎物。

● **起死回生**

在部分分布区，特别是北美东部，鹗的数量曾在1960年前后因DDT污染而急骤减少。后来随着DDT被限用，鹗的数量得以回升，如今则受到多种措施的积极保护，包括在适宜地区设立筑巢平台等。而在世界的其他许多地方，鹗还会利用电线杆和高压线铁塔来作为巢址。

由于鹗会捕食那些对人类而言具有商业价值的鱼类，如鳟鱼和鲑鱼，因此一直以来饱受人们的迫害，尤其在欧洲最严重，以致它们在英国一度完全灭绝。不过，值得庆幸的是在消失了50年后，鹗于1955年重新在苏格兰营巢。从那以后，这种鸟一直备受保护，于是数量得以增长，并重新建立起了它们的种群。

↗ 鹗栖息于湖泊、河流、海岸等地，常单独或成对活动，迁徙期间也常集成3~5只的小群，多在水面缓慢地低空飞行，有时也在高空翱翔和盘旋。

冢雉 借用外力来孵卵

> 冢雉（营冢鸟）长得有点像鸡。它们头部细小，脚大，吃嫩叶，除了眼斑冢雉外，其他的都是栖息在林地中，且大部分呈褐色或黑色。孵化时的冢雉是所有鸟类中最为成熟的，已经长满翼羽及绒毛，能够打开眼睛、平衡身体、奔跑追踪猎物，甚至于孵化当日就能飞行。这些对它们来说稀松平常，不过是体能上的事儿，它们的聪明之处在于：懂得借用外部环境中的热源来进行孵卵。

自16世纪首次发现冢雉以来，它们与众不同的孵卵方法一直深深吸引着自然学家和科学家们。如今我们已经知道，这些方式几乎对它们行为的方方面面都产生了深远的影响。

● **大脚鸟**

冢雉科（营冢鸟科）现有7属22种，可分为以下几类：丛冢雉类（丛冢雉属和冠冢雉属3种）；红嘴冢雉类（红嘴冢雉属3种）；冢雉类（冢雉属14种，其中包含单一种类摩鹿加冢雉）；还有2种各具特色的种类，即斑眼冢雉和苏拉冢雉。最近对大洋洲的考古研究发现，该地区另有33种冢雉在过去的数千年里灭绝，基本上是人类活动的结果。

冢雉归于鸡形目，在形态上与该目其他鸟类相似。它们的主要特点是身材紧凑，腿长，适于耙和挖的趾和爪相对较大，它们的名字便由此而来——"冢雉"在希腊语中为"大脚"之意。所有种类均为地栖性，在森林的地面层觅食多种昆虫、果实和其他可食之物。大部分种类的体羽为单调的褐色、灰色和黑色，鲜有斑纹图案。例外的是斑眼冢雉，具有褐色、白色和黑色组成的复杂斑纹，这种鸟是唯一生活在干旱环境中的冢雉，这样的体羽有助于伪装保护。

多数种类虽然体羽色彩暗淡，然而头和颈基本不覆羽的区域皮肤却呈黄色、红色或蓝色。但有一类冢雉即丛冢雉，头部和颈部色彩鲜艳亮丽。并且这些种类的雄鸟具有不同的冠和肉垂，在繁殖期不仅大小会膨胀，颜色也会变亮。如灌丛冢雉的肉垂既是一种视觉信号，在膨胀时又可以帮助这种鸟发出一种深沉的鸣声。丛冢雉类是冢雉中唯一呈明显性二态的一类，在其他种类中，雌雄鸟通常差异不大。

● 远离掠食者

目前，冢雉的分布范围以澳大利亚、新几内亚以及东南亚、菲律宾群岛、西太平洋群岛和西南太平洋密集的众多岛群为中心，东抵汤加王国的纽阿弗奥岛（虽然最近在美属萨摩亚及纽埃岛上发现了灭绝种类），西至孟加拉湾的尼克巴岛和安德曼岛（已相当远离其他的冢雉分布区）。在这大片区域里，见于最偏远地区的是冢雉属种类，其中的橙脚冢雉目前分布最广，从印度尼西亚的龙目岛一直到新几内亚东部的特罗布里恩群岛（另有许多真实的报道证实这种鸟的幼鸟夜间会降落在远离陆地的船只上）。

毫无疑问，冢雉属的种类是科内的"远征军"，身影几乎遍布西南太平洋的每一个岛屿。此外，前面提及的灭绝种类大部分也为该属种类。冢雉科分布有一个明显的特点，即在大型岛屿（诸如爪哇岛、苏门答腊岛、加里曼丹岛等）和东南亚大陆上几乎完全看不到它们。起源于新几内亚——北澳大利亚地区的冢雉，虽向四面八方扩张，但似乎没有能够进军亚洲大陆和东方动物地理学区中的大型岛屿。对于这一令人不解的事实，一种普遍接受的解释是在这些地区存在着大量会掠食冢雉的食肉动物，尤其是猫（猫科）和麝猫（灵猫科）。冢雉经常会长时间逗留于孵卵冢附近，这

↘ 灌丛冢雉为大型冢雉之一，体长可达70厘米。它色彩鲜艳的头部与科内大部分种类普遍暗淡的着色形成鲜明对比。

使它们会非常容易受到这些动物的袭击。事实上，在这片潜在的重叠区域，上述天敌的存在和冢雉的缺席体现出一种恰到好处的地理分布关系。

● "热工程师"

关于冢雉的繁殖，几乎每个方面都受到它们特殊的孵卵方式的影响。它们会利用3种环境热源：地热、太阳辐射、有机物降解。一般而言，使用前两种不受鸟类左右的热源孵卵，需要找到适宜的产卵地址，哪里有合适的土层或沙层，拥有理想的温度，才能挖穴孵卵。

那些在太阳照射的沙滩上孵卵的种类会简单地挖一个浅坑，将1枚卵产于其中，重新填好后便离开。而那种利用地热孵卵的种类一般会使用宽阔的、永久性的洞穴。这些洞穴通常分布不均，每年在某段特定的时期会有大量的冢雉聚集在里面产卵。如有大约53000只红斑冢雉前往新不列颠的一处火山岩洞。这些传统的孵卵地带与冢雉平时的分布区之间可能相距很远，故繁殖的冢雉往往需要远行。

相反，利用有机物降解产生的热量孵卵的种类则是通过建一个埋有潮湿落叶的土堆给自己提供孵卵场所。通过精心选择土堆地址（以便最大限度地获取合适的有机物并避免干化）以及日常的维护，建立孵卵冢的冢雉

知识档案

冢 雉
目 鸡形目
科 冢雉科
7属22种。这些种类包括：红斑冢雉、马利冢雉、橙脚冢雉、波利冢雉、灌丛冢雉、苏拉冢雉、斑眼冢雉等。

分布 从尼克巴群岛穿过印尼东部（但不包括大的岛屿及大陆地区）、马里亚纳群岛、帕劳、新几内亚、澳大利亚，直至汤加。

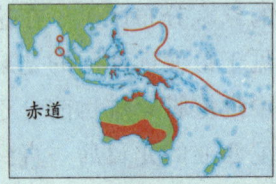

栖息地 原始雨林和次级雨林、季风性灌丛、干燥的密闭森林以及干旱的低地桉树林（斑眼冢雉）。

体型 体长27~70厘米，体重0.29~2.95千克。

体羽 一般为褐色、灰色和黑色。有些种类的头颈耳部位有色彩鲜艳的裸露皮肤，少数种类有颈囊和肉垂，呈蓝色、红色和黄色。两性之间的体羽差异通常不明显，只有丛冢雉类季节性变化突出。

鸣声 为不悦耳的咯咯声和咕噜声，有些通过膨胀的颈囊发出隆隆的低沉鸣声，少数种类会进行复杂的齐鸣。

巢 卵产于孵卵冢，或者土壤可接收大量太阳光的洞穴及火山地带的洞穴中。

卵 白色和淡褐色，有些种类为粉红色带白垩色。一窝单卵，每个繁殖期一只雌鸟可产卵12~30枚。

食物 主要在落叶层觅食昆虫、果实和肉质根。

能够主宰内部的孵卵条件。

操作孵卵冢最成功的无疑是斑眼

冢雉。这种唯一生活在极端干旱环境中（澳大利亚中部）的冢雉，发展了一套复杂（而艰辛）的方法用于孵卵冢的构建和维护。人们于20世纪50年代对此进行了详细研究，结果发现，堆内温度仅变化寥寥几度，斑眼冢雉就能够察觉到，并在必要时采取措施改变温度。为了防止堆内的湿落叶干化，它们会搬动多达数吨的沙土。

这种建孵卵冢法是冢雉中最常见的孵卵方式，除了3个种类外其余均采用这种方法。冢雉的孵卵冢无疑是非群居动物中最大的"建筑"之一。尽管如此，目前已知至少有5个建孵卵冢的种类在有合适的沙滩或地热可用时也会使用洞巢。而在新几内亚，有些种类似乎还会采取寄生方式，即将卵产于其他冢雉种类的孵卵冢中。

大部分冢雉的繁殖机制似乎为单配制，配偶一直相伴在一起，共同建孵卵冢。但也存在大量多配现象，甚至出现于基本为单配制的种类中。

丛冢雉类即为明显的非单配制。雄鸟维护它们的土堆，不允许其他雄鸟接近，但接受任何愿意与之交配并产卵于堆中的雌鸟。在这些种类中，由于雄鸟数目众多，雌鸟似乎可以自由选择。但它们并不混交，而是实行所谓的"阶段性单配制"——与一只雄鸟交配并在它的堆中产卵，然后前往下一站。

然而，无论孵卵的场所究竟为何种类型（堆或穴）以及利用何种热源，在所有种类中，孵卵的内部条件通常都非常接近。一般来说，卵周围的沙层或土层温度为32~35℃，但在

↗ 生活在澳大利亚中部干旱地带的斑眼冢雉在孵卵冢上需要比其他冢雉付出更多的心血。为了使卵免受温差的影响，孵卵冢需要挖得很深。而在整个孵卵过程中，它们必须经常性地调整泥土覆盖层的厚度，使孵卵冢内部保持恒定的34℃。

不同的日子、不同的季节、不同的个体巢之间会存在一定的差异。冢雉的这种孵卵条件与其他绝大部分鸟类相比则区别非常明显，突出表现为高湿度、低含氧量、高二氧化碳含量。

此外，胚胎和卵壳对这种孵卵条件表现出明显的生理适应性，这也成为冢雉科最独特的特征之一。如它们的卵壳相对于卵的大小而言显得很薄，蛋孔很大并在胚胎的发育过程中会变形。研究表明，这些特点为排水和气体交换提供了极大方便。

冢雉的卵相对较大，重75~230克，为雌鸟体重的10%~22%。卵黄极为丰富，占到卵总重量的48%~69%。每枚卵产下的间隔期不定。由于孵卵场所始终保持暖和，因此每个胚胎在形成后就开始迅速发育。而雌鸟每个繁殖期会产12~30枚卵，于是在接连几个月里都会有独立孵化的雏鸟陆续从孵卵的堆穴中爬出来。

冢雉的卵孵化时会体现出一种地下孵卵的适应性。大部分鸟的卵内有一出气孔，通常这对于它们发育完全的胚胎在即将出生前的初次呼吸有着重要意义。但冢雉的卵没有气孔。所以与其他雏鸟常见的缓慢出壳不同，冢雉的卵孵化时呈爆炸性，雏鸟用腿、背和头强行将卵壳撑破。肺中的流质迅速消失，肺很快明显膨胀。

然而，孵化只是冢雉雏鸟面临的第一个挑战。破壳而出后，它们会发现自己身处30~120厘米深的地下，因此必须挖通道出去。这一过程完全需要它们自己动手，得不到任何帮助，并需要持续数小时至数天不等，具体取决于卵埋藏的深度和掩层的属性。

出来之后，雏鸟的情况仍未改观。它们还是得不到亲鸟的照顾（甚至见不到亲鸟），不得不离开孵卵地。在随后的数周乃至数月里，冢雉的雏鸟过着形影相吊的生活。觅食、觅水、寻找热源、躲避天敌，一切都不会有成鸟的指导和保护。冢雉雏鸟的死亡率非常高也就不足为奇了。

● 身处险境中的卵

冢雉与人有密切的关系，它们的卵是当地许多土著人的重要食物来源。在许多地方，收集冢雉卵已有数千年的历史。然而，过度的收集导致了许多种类的灭绝，也威胁着大量现存的种类。此外，栖息地受破坏以及冢雉遭到猫、猪、狐狸等外来引入动物的掠食，也构成了严重威胁。

目前处境最严峻的是极危种波利冢雉，仅生存于汤加王国的一个小火山岛上。人们试图将这种鸟的种群转移到邻近的2个岛上，但目前不清楚这一做法是否能获得成功。另外，马里亚纳群岛上的马利冢雉为濒危种，还有7个种类为易危。

燕鸥 带着"礼物"来求亲

> 雄性燕鸥通过"高空飞翔",吸引到一只尾随的雌鸟。双方交往一段时间,彼此熟悉之后,雄鸟会主动捕鱼给雌鸟喂食。然后双方一起在空中跳场交谊舞。持续的关爱打动了雌鸟的心,从此双方一起到白头。

燕鸥是海岸线上和沼泽地中最优美、最引人注目的栖息者之一,它们的身材较鸥科类狭长,翅膀按比例更长。流线型的身体非常适于俯扑、潜水,因而它们能轻而易举地捕获大量的鱼类。许多燕鸥是北温带海岸线上的夏季常客,它们轻盈的飞扬和迅猛的俯扑非常引人注目。一些大型燕鸥(如红嘴巨鸥)与鸥科类具有密切的亲缘关系,其他有些种类则与剪嘴鸥有明显的相似之处。

● 黑顶粉胸

多数燕鸥(44种中的24种)为"黑顶"的燕鸥属种类。这些海上的燕鸥(或称"海上的燕子",依据它们的尾形和飞行的灵敏性)身材细长,翅长而尖,尾呈明显的叉状。典型的羽色为白、灰、黑,而粉红燕鸥等种类在繁殖期来临时胸羽会呈淡淡的粉红色。不过这种羽色会很快褪去,有许多鸟在抵达繁殖地后不久粉红色就消失了。幼鸟的体羽通常换成褐色(尤其是背羽),需要2~3年才会长齐成鸟的体羽。在栖息于沼泽的燕鸥(浮鸥属的3个种类)和玄燕鸥系列(玄燕鸥属的3个种类)中,体羽颜色一般更深,甚至为黑色。而差异明显的为蓝色的印加燕鸥,嘴裂有黄色的肉垂和白色的口须。大型的燕鸥如红嘴巨鸥和橙嘴凤头燕鸥,其动作的敏捷性和身姿的优美程度略为逊色。

燕鸥的喙通常为鲜艳的黄色、红色或黑色;喙形各异,既有钳状形也有匕首形,部分取决于所捕猎物的大小。飞翔时轻快有力,常常可以持续盘旋。足具蹼,但大部分燕鸥很少在水中久留。

● 几乎无处不在

燕鸥见于全世界,遍布于除完全为冰雪覆盖的两极地区外的各个地区。与鸥科集中于北半球不同,燕鸥科分布于亚热带和热带的种类最多。燕鸥繁殖于世界各大洲,包括南极洲在内。有些种类在非繁殖期为远洋性鸟。而远洋性最突出的乌燕鸥，从飞羽长齐直至返回陆上进行初次繁殖（在3~7岁时）期间，一直生活在大海上。在南极过冬的北极燕鸥则经常沿着大片冰山边缘的浮冰游荡。除了这种世界性的分布，也有些种类如西非燕鸥，分布范围却很有限。

根据栖息地不同，燕鸥可大致分成两类：海洋性燕鸥和沼泽地燕鸥。海洋性燕鸥一般筑巢于沙滩或海岛，巢常常只是沙中的一个浅坑。有些海洋性燕鸥如普通燕鸥，将巢筑于咸水沼泽中，通常为草巢或残骸遗物上的浅坑。其他种类如粉红燕鸥和红嘴巨鸥，则是鸟类世界中分布最广的种类之一，它们"四海为家"。由于多数喜居暖和的热带和亚热带水域，而其他种类则偏爱在寒冷地区繁殖，因此海洋性燕鸥广布于北极和南极之间。相比之下，沼泽地燕鸥大部分生活于内陆的淡水沼泽、湖泊和河流中，经常见于各大陆的纵深腹地。它们用植被筑成浮在水面的巢，但用水草固定，以防止涨潮时移位。

燕鸥会进行远距离的迁徙，许多种类夏季飞往食物充足的高纬度水域繁殖，然后回到热带地区越冬。北极燕鸥的迁徙堪称鸟类世界之最：在北极圈北部繁殖，然后南下至南极过冬，单程直线距离就达到17 500千米。它们这么做可以利用两个极地漫长的白昼来进行长时间的觅食。通过对燕鸥做标记，然后对它们的活动进行追踪，人们很大程度上已经清楚了这些燕鸥的迁徙路线。如许多加拿大境内的北极燕鸥，通过西风带穿越大西洋到达欧洲沿海，然后南下。虽然大部分种类从海上迁徙（途中进行觅食），但也不乏选择陆上线路的。如许多沼泽地燕鸥会从繁殖地穿越撒哈拉沙漠抵达它们在非洲的过冬地。

↗ 北极燕鸥在从北极迁徙至南极的途中暂聚在纳米比亚

它们如此远涉重洋是为了在南半球度过另一个夏天。其两极往返之旅长达35000千米。

● 扎入式潜水者

海上的燕鸥主要为食鱼类，但

燕鸥的代表种类

1.蓝灰燕鸥;2.小玄燕鸥;3.白燕鸥;4.印加燕鸥;5.北极燕鸥;6.黑浮鸥的幼鸟;7.巨嘴燕鸥;8.乌燕鸥,除非在繁殖期,平时很少在近岸见到这种鸟;9.红嘴巨鸥的成鸟;10.头一年过冬的红嘴巨鸥幼鸟。

也捕食乌贼和甲壳类。这些黑顶的燕鸥乃是勇猛的潜水者,在空中盘旋锁定猎物后便会垂直潜入水中。总体而言,体型越大的种类,俯冲的高度更高,潜入水中的深度更深,如红嘴巨鸥可达水下15米深。与鲣鸟不同的是,燕鸥不在水下游泳,而是在近水面处捕获猎物。有许多种类包括普通燕鸥和粉红燕鸥等,借助食肉鱼将猎物赶到水面的机会轻松捕食。玄燕鸥类会像海燕那样用脚轻拍水面,它们通常捕食半空中的飞鱼。玄燕鸥类及其他一些热带种类在较远的近海处觅食,将猎物吞下后飞回来回吐给雏鸟。尽管绝大多数燕鸥为昼间觅食者,但也有部分种类如乌燕鸥曾有过在夜间觅食的记录。身材小巧的沼泽地燕鸥非常善于在空中捕捉昆虫,或先盘旋后俯冲至植被上将其啄住。同时,它们也会潜入浅水中捕食蛙和其他水栖动物。鸥嘴噪鸥为陆栖性最明显的燕鸥,善于俯冲至地面抓捕大型昆虫、蜥蜴,甚至小型啮齿动物。亲鸟给雏鸟喂食的频率取决于亲鸟觅食之旅的远近。一只沼泽地燕鸥可能每隔几分钟就会给雏鸟喂食,然而,前往数百千米外觅食的乌燕鸥每天只能给雏鸟喂一次。

知识档案

燕 鸥
目 鸻形目
科 燕鸥科

7属44种。温带种类包括:白腰燕鸥、北极燕鸥、普通燕鸥、鸥嘴噪鸥、白额燕鸥、粉红燕鸥、橙嘴凤头燕鸥、白嘴端凤头燕鸥、黑浮鸥、须浮鸥、白翅浮鸥等;热带种类包括:玄燕鸥、白顶玄燕鸥、印加燕鸥、白燕鸥、褐翅燕鸥、黄嘴端凤头燕鸥、西非燕鸥、秘鲁燕鸥、乌燕鸥等。

分布 全球性。
栖息地 主要为沿海和近海水域,有些栖息于河流和沼泽。

体型 体长20~56厘米,体重50~700克。雄鸟大于雌鸟。

体羽 下体一般为白色,翕和翼上覆羽为灰色,繁殖期头顶为黑色(有些种类具冠)。

鸣声 可发出多种声音,既有高亢的,也有沙哑的,既有尖锐的,也有柔和的。

巢 通常为一简单的浅坑,偶尔有精致的衬里。有些会筑于漂浮的筏上(栖息于沼泽的燕鸥),有些筑于树上和悬崖岩脊上(玄燕鸥系列及白燕鸥)或岩崖洞隙(印加燕鸥),有时它们也会营巢于石头下面或地洞中。

卵 窝卵数1~3枚;浅黄色至褐色或淡绿色,带有深色斑点;大部分重约20克,但范围可从白额燕鸥的10克至红嘴巨鸥的65克不等。孵化期21~37天,多数雏鸟在出生1~2个月后会飞。

食物 以食鱼、乌贼和甲壳类为主,栖息于沼泽的种类食昆虫、两栖类和水蛭。

↗ 一只普通燕鸥在扎入式潜水后带着猎物冲出海面
小鱼和虾是普通燕鸥的主要食物。

● 终身伴侣

和其他许多海鸟一样,大部分燕鸥如果能成功活到成年,那么它们的寿命会很长。对北极燕鸥进行跟踪研究发现,它们可以活33年以上,20年的寿命很可能是相当普遍的。繁殖行为有可能在2岁时开始,但温带种类一般在3~4岁(如灰背燕鸥和褐翅燕鸥4岁繁殖)。而热带种类普遍繁殖更晚,如多数乌燕鸥至少6岁才达到性成熟。

在纬度较高地区,燕鸥通常每年有一个固定的繁殖期,如在欧洲和北美为5月至7月。在热带,繁殖普遍不固定于某一段时期。有些燕鸥种群的繁殖行为间隔不到一年,但基本上保持同步。如在印度洋的姐妹岛上,褐翅燕鸥每7个月繁殖一次,适应性强的乌燕鸥则依具体地点不同而繁殖间隔6~12个月不等。

燕鸥的配偶关系通常为终身性。即使在非繁殖期配偶分离,但由于每逢新的繁殖期来临时,燕鸥往往会回到之前成功繁殖的地方,这样之前的配偶会再度相逢。大部分燕鸥会年复一年地回到同一个繁殖群居地,而那些在临时营巢地繁殖的种类会随环境的变化而经常更换繁殖地。淡水沼泽地、河边沙洲、沿海沙嘴等地方也许只用上一年或几年就会变得不适宜它们繁殖了。但成鸟通常会回到群居地找到配偶,然后一起选择一个新的营巢地。

大部分燕鸥在熙熙攘攘的群居地繁殖,密度一般都很高。它们集体栖息在一起,共同向入侵群居地的掠食者发起攻击。繁殖群的规模少至稀稀落落的几对(西非燕鸥),多至100万对以上(乌燕鸥)。中等体型的燕鸥(如普通燕鸥)成数十至数百对规模

燕鸥复杂的求偶

1.北极燕鸥的雌鸟在"高空飞翔"中追随雄鸟向上飞去;2.白额燕鸥的雄鸟在给它的伴侣喂食;3.普通燕鸥在交配;4.白嘴端凤头燕鸥的一对配偶做出直立成"杆"的姿势,常见于交配后或高空飞行后。

进行群体繁殖。而大型种类的繁殖规模一般也为数百对。

有些燕鸥在单个种类的繁殖群居地营巢,但有许多与其他种类的燕鸥以及鸥、剪嘴鸥、鲣鸟、海雀、信天翁、鸬鹚、鸭等共聚一地。这些混合种类群居地的出现并非偶然,很可能是栖息地有限的缘故。很多情况下,在大的混合种群体内,燕鸥会和同一种类成员聚集在一起营巢。也有些燕鸥如弗氏燕鸥和黑浮鸥,选择与其他种类一起营巢,并且待其他种类定居下来开始营巢后它们才选定自己的巢址。

营巢群居地一般为平坦开阔之地,通常位于岛上或礁上,因为那里地面掠食者无法入侵。但玄燕鸥会拥挤于树上、灌丛中和悬崖岩脊上,而印加燕鸥青睐岩缝。白燕鸥则干脆不筑巢,最常见的是直接将单枚卵产于树枝上。大部分地面巢结构简单,基本上仅为一浅坑,鲜有衬材。但玄燕鸥和栖于沼泽地的燕鸥会筑一个大型的植被平台,其中后者会将芦苇筏系缚于水下的植被用以筑巢。

燕鸥在建立领域之前通常会花两三周时间来繁殖群居地周围活动。求偶仪式很复杂,特别是那些第一次寻找配偶的个体。在许多燕鸥中,求偶以"高空飞翔"开始——雄鸟高速起飞,为了显示它的实力,常常飞到数

百米高的空中，雌鸟尾随其后。飞到顶端，未来的一对配偶便会一起滑翔，然后绕来绕去飞向地面。随着彼此日益熟悉，雄鸟开始不断为雌鸟喂食，这不仅仅是一种象征性的求偶行为，也有助于雌鸟补充营养，促进卵的形成，或许还可以使它对雄鸟的捕鱼能力心中有数。地面求偶通常发生在雄鸟选择的巢址附近，行为包括昂首阔步走路，优雅地用脚尖旋转，同时将尾竖起、翅垂下等。这些一般是交配的前奏。求偶期间，有配偶的和无配偶的燕鸥都会做"携鱼飞行"——由一只求偶的雄鸟发起，它将一条鱼带给一只雌鸟。当它降落在领域上后，2只鸟一起飞入高空，并常常有一两只其他的燕鸥加入。它们共同滑翔、盘旋，翅成弓状，同时发出独特的飞行鸣声。

巢址的选择由配偶双方一起决定。两性共同维护巢所在的领域，通常只有1平方米大小，而在营巢最密集的凤头燕鸥类中，邻居之间触手可及。领域的大小与燕鸥种类体型的

↗ 一只北极燕鸥的亲鸟在飞行中给雏鸟喂食

偶尔，亲鸟会捕获不止一条鱼，它总是将猎物横夹于嘴中，然后带回给配偶或雏鸟。

大小成反比，即大型的燕鸥其领域较小。在有些种类中，雌鸟留于领域内看守，而雄鸟外出觅食，带回鱼喂给雌鸟，然后又马上出发去捕鱼。这种劳动分工是雌鸟看护领域而雄鸟喂食给它。当雄鸟不在时，无配偶的其他雄鸟可能会勾引雌鸟，一般在求偶喂食后会发生交配。

通常的窝卵数在热带种类中为1枚，在高纬度地区的种类中为2~3枚。两性共同担负孵卵任务，为期3~4周，最长可达37天。长满绒羽的雏鸟孵化后很快就活跃于巢周围地区，除非受

到惊扰很少会走远而迷路。它们会藏身于植被中、石头下、浮木下等。受到惊扰时,亲鸟会将雏鸟转移至相当远的地方。凤头燕鸥类的雏鸟发育迅速,会形成一个活动的雏鸟群来寻求安全。雏鸟群的成员高度聚集成群,一起行动,只有在接受各自的亲鸟喂食时才会分开。觅食回来的亲鸟通过鸣声在雏鸟群中辨认出自己的雏鸟,然后给它们喂食。亲鸟通常在雏鸟出生4~7天后开始需要辨认,因为那时的雏鸟具备了四处活动的能力,会离巢游荡。雏鸟期从秘鲁燕鸥的20天至褐翅燕鸥的65天不等。大部分燕鸥中,亲鸟育雏20~30天。而整个繁殖期在北极种类中仅持续2个月,温带种类为3~4个月,热带种类为3~5个月。

雏鸟在会飞后,需要学习大量独立捕食猎物的本领,而且还会由亲鸟喂食一段时间,直至逐渐"断奶"。雏鸟不仅要了解猎物的类型和具体的觅食地,而且还要学习如何进行扎入式潜水,后者具有很高的难度。如今已知燕鸥的"后飞行期亲鸟照顾"持续的时间从黄嘴端凤头燕鸥的7天至橙嘴凤头燕鸥的200多天不等,这比之前认为的持续时间长,原因是过去观察这些迁徙至过冬地的幼鸟接受亲鸟照

↗ 乌燕鸥在塞舌尔的一个大型营巢群居地
乌燕鸥是世界上数量最多的燕鸥,在热带海岛上常常会有成千上万只乌燕鸥聚集在一起繁殖。

顾的难度很大。

• 来自人类的压力

燕鸥日益受到人类引入的哺乳动物，如猫、狗以及鼠的严重掠食。因人类活动而导致银鸥、狐狸、浣熊等天敌的数量增加，使燕鸥的繁殖成功率连连下降。当这些天敌来到近海的繁殖岛屿，地面营巢的燕鸥会遭受灭顶之灾，种群数量在短时间内就会急骤减少。

↗ 白燕鸥与其他燕鸥不同，它们营巢于低矮的灌丛中。单枚卵产于光秃秃的树枝上，由亲鸟双方轮流在那里孵卵。

随着人类不断开发沿海地区用以休闲、商业捕鱼和其他活动，燕鸥寻求的孤立式繁殖环境已经越来越难找到。而近年来，燕鸥又面临一种新的压力——来自私人水上体育娱乐活动的威胁，这种活动所用的船只比传统的摩托艇更接近燕鸥的营巢群居地。由于越来越多的人口向沿海地区流动，原本在沿海沙滩和岛屿营巢的燕鸥不得不将群居地转移到并不适宜的地方。同时，银鸥数量的增加也使燕鸥的栖息地不断减少，因为前者会比后者先到达栖息地，而且其体型也大，在领域争夺中经常胜出，并且前者还会掠食后者的卵和雏鸟。在南非，土地利用的压力使西非燕鸥的数量降至1 500对。而粉红燕鸥在西非过冬时被当做食物和消遣，大量遭到诱捕，导致这种欧洲鸟减少至1 000多对。有些燕鸥种群曾于19世纪头十年因羽毛交易被大肆捕杀，至今恢复势头缓慢。在一部分地区，人们仍在收集燕鸥的卵用来做美味佳肴或当做壮阳滋补品。不过，在偏远地带，有许多燕鸥继续保持着繁盛状态，如在圣诞岛，乌燕鸥的数量有几百万只。

极危种黑嘴端凤头燕鸥有时被列为灭绝种，不过近来有过这种鸟过冬的数次记录，但人们对其繁殖地仍不明。另有数种燕鸥受胁，包括克岛燕鸥和西非燕鸥。有些种类（黄嘴河燕鸥、桑氏白额燕鸥、玄燕鸥和灰燕鸥）的状况几乎不为人知。相关的保护措施有：保护群居地不被直接开发利用，为燕鸥创造合适的营巢空间，为它们搭建人工营巢岛屿或平台、转移天敌、减少人类干扰等。此外，由于不断开发渔业使燕鸥的猎物基地遭到破坏，因此保护它们的觅食区也变得越来越重要。

贼鸥 鸟类中的不名誉者

听其名字，贼鸥好像是一类喜欢偷偷摸摸做些下三滥勾当的鸟儿，其实不是，贼鸥是凭着自己超强的实力，将不法勾当做得明目张胆，无法无天。这也是它不招人待见，在各国语言中都有个不怎么好的名声的原因吧。

在繁殖期，贼鸥是高纬度地区的空中海盗和掠食者。它们频繁骚扰袭击燕鸥和三趾鸥等海鸟，直至它们丢下猎物或吐出最后一点食物，然后贪婪的贼鸥便在半空中将食物劫走。在北美和其他一些地方，小型贼鸥被称为"jaeger"，源于德语中的"猎人"一词。而在英国的桑德兰，棕贼鸥在当地的名字为"skooi"，可能是源于表示"排泄物"的"skoot"一词，因为人们认为这种鸟是通过恐吓其他海鸟吐出食物而得到吃的。北贼鸥在桑德兰则被称为"bonxie"，可能源于挪威语中的"bunksi"一词，指的是一堆乱七八糟的东西，或是一个蓬头垢面的邋遢女人。

● 食物多样化

大贼鸥属的4个种类一般体羽为棕色，背羽有浅色斑纹。其中智利贼鸥有醒目的翼下覆羽。而灰贼鸥有2种羽色态（体羽二态），分别为深色态和浅色态，越靠近极地的个体浅色态越明显。3种小贼鸥属种类也表现出2种色态，不过长尾贼鸥的深色态很少见到。在短尾贼鸥和中贼鸥中，每种色态的鸟在总数中的比例因地理分布不同而各异。在桑德兰，不到25%的短尾贼鸥着浅色态。这一比例越往北越大，到挪威的斯瓦尔巴特群岛和北极圈内的加拿大地区则接近100%。着浅色态似乎在它们分布区的北半部分占优，而南半部分并非如此，那里的许多繁殖群自20世纪50年代以来着深色态的比例一直在上升。贼鸥成鸟的一大特征便是有2根加长型的中央尾羽，这在短尾贼鸥身上相当明显，而在长尾贼鸥身上则发挥到了极致。中贼鸥的中央尾羽则为交叉的棒状结构。所有小贼鸥的幼鸟下体均有条纹。

贼鸥的足部与鸥科种类相似，但具明显的、锋利的爪。喙强健，末端明显呈钩状，适于撕裂猎物的肉。在鸥和其他许多鸟科中，雄鸟略大于雌鸟，但贼鸥却相反，它们与食肉鸟情况一样。无论在大贼鸥还是在小贼鸥

贼鸥的代表种类

1.北贼鸥在长鸣；2.着繁殖体羽的中贼鸥；3.短尾贼鸥在骚扰一群海雀，它们的食物有很大一部分是从其他小型鸟类那里掠夺而来的。

中,雄鸟担负大部分的捕猎任务,而雌鸟留在领域内看护巢和雏鸟。

贼鸥食多种食物。中贼鸥夏季大量捕食旅鼠,冬季食小型海鸟,此外还会食鱼或从其他鸟那里掠夺食物(即为盗窃寄生或劫掠)。长尾贼鸥夏季食旅鼠、昆虫、浆果、小鸟和卵,冬季劫掠食物(主要对象为燕鸥)。在北极的苔原地区,短尾贼鸥食昆虫、浆果、小鸟和卵,还有部分啮齿动物;而在沿海地区,它们几乎完全依靠劫掠谋食,对象为燕鸥、三趾鸥和海雀。在南半球的大型贼鸥的觅食手段有:掠食企鹅(包括食腐),夜间掠食返回陆地的海鸟(如海燕),或捕食其他多种猎物,如鱼、甲壳类(如磷虾)、野兔等。北贼鸥以食鱼为主,有时食腐或劫掠夺食。其实它们的能力很突出,有人曾见过其捕杀比自身大数倍的猎物,包括苍鹭、灰雁、秋沙鸭和雪兔等。在繁殖期,北贼鸥是海鸟的一大天敌,主要掠食某些群居地的海鸟,特别是在苏格兰西部外海的圣基尔达岛上,它们在夜间袭击陆地上的海燕。此外,北贼鸥还会残杀同类,特别是在食物匮乏时,会直接吃掉附近领域的雏鸟。在桑德兰郡和奥克尼郡,北贼鸥主要食1岁左右的沙鳗,因此它们在那里的繁殖生态,从食物、雏鸟发育到成鸟的生存及非繁殖鸟的数量等许多方面都与沙鳗的丰产程度息息相关。

● **穿越世界的候鸟**

除了人之外,贼鸥是人们所见过的最接近南极极地的脊椎动物。而在北半球,北贼鸥近年来将它们的繁殖地向北、向东扩展到了挪威、斯瓦尔巴特群岛和俄罗斯北部,在这些前往新的繁殖群居地的鸟中间都可以看到曾在苏格兰的群居地被人们做上标识的雏鸟。向南扩展至温带地区的则显得很有限,可能是因为贼鸥有多种生理特征都适应于寒冷环境(如基础代谢快、体温高、体羽绝热性强、腿上

↗ 12月时一只灰贼鸥在它南极的繁殖地
繁殖期过后,这种南极鸟往北迁徙,有记录曾北至阿留申群岛和格陵兰岛。

覆有厚厚的鳞甲等），使得它们不进一步南下繁殖。

在非繁殖期，贼鸥飞越世界各大洋，进行长途迁徙。有些小型贼鸥也会直接穿越陆地迁徙。如北极的短尾贼鸥在奥地利和瑞士时有所见。而北贼鸥迁徙时往往与海岸线保留相当的距离，不过人们在中欧发现过少量被大风吹落、精疲力竭的北贼鸥幼鸟。有一只幼鸟，雏鸟时在英国桑德兰被做以标记，后在奥地利东部的一个农场因袭击母鸡而被击伤，结果仅隔1周后它在德国一条高速公路的中间绿化地获救。还有些幼鸟在瑞士的一个小镇上被发现，后又在波兰的一个池塘里袭击鸭子。

南半球的贼鸥则有多种迁徙模式，查塔姆群岛上的棕贼鸥全年均为留鸟，而在其他群居地的棕贼鸥以及智利贼鸥表现出有限的扩散或短途迁徙。灰贼鸥则做穿越赤道的远程迁徙。有一只在南极昂韦尔岛被做以标识的灰贼鸥雏鸟5个月后在格陵兰的哥德伯斯福德被击落，这是被人们做以标识的鸟类中迁徙路程最长之一。

贼鸥与鸥有密切的亲缘关系，并且很可能是从鸥进化而来的，而鸥几乎肯定是起源于北半球。在贼鸥的进化早期，势必有一种形态延伸到了南半球，后在南极形成了3种极为相似的大型贼鸥种类。然后其中一个种类在

知识档案

贼鸥
目 鸻形目
科 贼鸥科
2属7种：大贼鸥属和小贼鸥属。

分布 高纬度地带：包括南极洲、亚南极地区、南美洲南部、冰岛、法罗群岛、英国北部、挪威、斯瓦尔巴特群岛、俄罗斯北部、北极和北温带北部森林区。

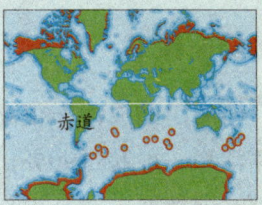

栖息地 苔原和沿海荒地。

大型贼鸥（大贼鸥属）

见于南极洲、亚南极地区、南美洲南部、冰岛、法罗群岛、英国北部、挪威、斯瓦尔巴特群岛和俄罗斯北部。共4个种类：北贼鸥、灰贼鸥、棕贼鸥、智利贼鸥。
体型 体长50~58厘米，体重1.1~1.9千克。雌鸟略大于雄鸟。**体羽** 棕色，翅上有白斑。**鸣声** 短促的尖叫声。**巢**：地面浅坑。**卵**：窝卵数一般为2枚，偶尔单枚；橄榄色，带褐斑；重70~110克。孵化期30天，雏鸟留巢期45~55天。**食物**：多样化，尤其是鱼、磷虾、海鸟的卵、雏鸟及成鸟。

小型贼鸥（小贼鸥属）

见于北极和北温带北部森林区。共3种：短尾贼鸥、长尾贼鸥、中贼鸥。**体型**：体重250~800克，雌鸟略大于雄鸟。**体羽**：全棕色或上体棕色下体乳白色，成鸟有加长型中央尾羽。鸣声：喵喵声。巢：地面浅坑。**卵**：窝卵数一般为2枚，偶尔单枚；橄榄色，带褐斑；重40~70克，孵化期23~28天，雏鸟留巢期24~32天。食物：小型哺乳动物、昆虫、浆果、鸟卵、鱼（通常从其他海鸟那里劫掠而得）。

近期（可以为15世纪末期）扩展至北半球，一些个体与中贼鸥的雌鸟杂交产生了北贼鸥。鉴于这种杂交以及行为和羽虱方面的比较，部分分类学者认为中贼鸥应当划入大贼鸥属。

● **俯冲捍卫**

贼鸥的成活率很高，每年成鸟的存活率一般超过90%。它们实行单配制，但新西兰和马里恩岛上的棕贼鸥会经常出现1只雌鸟与2只雄鸟共同营巢的情况，这种群居机制在其他所有海鸟中都不曾见过。贼鸥的配偶关系一般为长期性，不过每年也有少数配偶（通常低于10%）会"离婚"，其中大部分在接下来的一年或数年内常常会繁殖失败。有一些关系稳定的配偶（一般不足10%）偶尔有一年会不繁殖。有些情况下，这是因伴侣丧失或繁殖领域丧失而造成的，另外也可能是由于这些鸟在过冬后没有能够重新达到繁殖条件而导致的。

贼鸥的巢距相差特别大，从分开2千米（在北极苔原这一距离很常见）到仅间隔5~10米（出现于北贼鸥在桑德兰最大的繁殖群中）不等。

↗ 在斯瓦尔巴特群岛的北极苔原地区，一只短尾贼鸥坐在它孤零零的巢中
在这样的萧瑟开阔地带，巢与巢之间通常隔得很远。而在贼鸥的其他繁殖分布区内，它们会形成密集的营巢群体。

在桑德兰的福拉，100多对短尾贼鸥聚集在一片占地1.7平方千米的群居地繁殖，而这样的面积在北极苔原只是一对配偶的繁殖领域。造成这种差异的部分原因是在桑德兰营巢的贼鸥并不在领域内而是在海上觅食。它们坚决维护自己的巢，对于入侵者（包括人），它们会像战斗机一样俯冲下来攻击。而小型贼鸥还会利用"断翅"表演来分散掠食者的注意力，将它们引开巢址。

和大部分海鸟一样，在开始衰老之前（如北贼鸥为14~18岁），随着年龄的增长，产卵期会提前，卵的数量和大小都会增长；而之后，由于开始"步入老年"，它们的产卵期越来越往后推，窝卵数也越来越少。而除非食物供应特别匮乏（繁殖成功率也相应很低）或特别充足（繁殖成功率也相应很高），卵的孵化成功率和雏鸟的成活率会随年龄的增长而增长。

其实，从本质上而言，这些变化

↗ 贼鸥经常将巢营于企鹅群居地附近，耐心地等待攫取无亲鸟照顾的雏鸟或卵的机会。图中，在马尔维纳斯群岛上，一只棕贼鸥正在食一枚企鹅卵。

更多的是受到经验的影响，而非年龄本身。如在北贼鸥中，年轻的雄鸟觅食效率较低，而年轻的雌鸟很容易对雏鸟照顾不周，从而使雏鸟易被邻近的成鸟掠走。贼鸥只有2块孵卵斑，因此不能有效地孵2枚以上的卵。大部分产2枚卵的配偶都能成功抚养2只雏鸟，但倘若食物短缺，那么先孵化1~3天的雏鸟有时会袭击并杀死后出生的雏鸟。在桑德兰，短尾贼鸥开始繁殖的年龄为3~6岁，而北贼鸥在4~11岁开始初次繁殖。如此漫长的成长期有助于它们学会众多的本领，从而成为高效的"猎人"和"海盗"。

鸽子 "超生"不怕累

> 鸽子是单配制，夫妻恩爱，它们的繁殖期很长，有的一年能产8窝卵。雌鸟可以在抚育雏鸟的同时，又给它们生下弟弟妹妹。如果母鸽子嫌费事，有时干脆就在同一巢中生产。雄雌鸽子都有喂养孩子的绝招——分泌营养丰富的鸽乳。

鸽子是生存最成功的鸟类之一，几乎像人一样随处可见。有成千上百万只原鸽的后代栖息于世界各地的城市里。在城市环境下，它没有天敌，因此可营巢和栖息于建筑物上，再加之人类经常给它们喂食，这一切使得鸽子极为繁盛，有时甚至因为数量过多而引发污染问题。在乡间的鸽类则从农业发展中受益。有一些原鸽的后代还被用于赛鸽运动，展示它们广为人知的导航本领。鸠鸽科为一个非常突出的科，全球性分布。它们生活于除南极之外的世界各大洲，几乎到处都可以见到两三种。不过，只有原鸽和灰斑鸠会出现在北极圈的极北端。鸠鸽科广布于温带和热带地区，但在撒哈拉沙漠中部和阿拉伯半岛的大部分沙漠地带，它们只是匆匆过客。鸠鸽科具有很强的扩散性，可见于大部分近海和远海的岛屿，在东南亚诸岛和南太平洋岛屿上有广泛分布。而大西洋中部的岛屿以及夏威夷则是少数连一个种类都没有的地方。

全科可分成4个亚科。其一是鸠鸽亚科，主要食用植物的种子，广泛见于其分布区内；其二是果鸠亚科，见于非洲热带地区和东方动物地理学区；其三为凤冠鸠亚科，含3个新几内亚的本地种类；最后，萨摩亚的齿嘴鸠单独成一亚科。

● 五颜六色的鸽子

鸽子是相当结实的鸟，多数中等体型，羽毛柔软、生长很快。小至外形和行为似麻雀的地鸠，大至重达2千克以上的凤冠鸠。在大部分种类中，两性相似，只是雌鸟通常略显暗淡。有些种类的两性差异明显。如斐济橙色果鸠的雄鸟为鲜艳的橙色，而雌鸟为深绿色（但两者的头相似，均为黄色）；非洲和马达加斯加的小长尾鸠雄鸟有黑色的面罩，但雌鸟没有。

翅膀肌肉占到了鸽子平均体重的44%，而在那些专门用于鸽赛的种类中甚至会更高。这些肌肉使鸽子能够垂直起飞。好的"赛鸽"平均飞行速度可接近70千米/小时。

大多数鸽子呈灰色、褐色或粉红色。许多在颈两侧、翼上或尾部有醒目的白色、黑色或彩色的块斑，其中有些块斑在炫耀中会变得更显眼。少数有小型的冠，其中铜翅鸠有长而尖的冠。

旧大陆热带森林中的食果类则显得色彩斑斓。在非洲和亚洲的绿鸠属种类中，体羽多数为柔和但相当惹眼的绿色，同时常常有黄色和紫红色做点缀；印度洋上的蓝鸠属种类则以蓝色为主；亚太地区的果鸠类（如果鸠属种类和皇鸠属种类）体羽图案非常惹人注目，拥有多种鲜艳色彩。

3种凤冠鸠种类主要为浅灰色，下体和翼覆羽为粉红色或栗色，另外翅膀上有一块大的白斑。它们比其他种类大许多，并具有大而扁平的冠。

齿嘴鸠的头、颈、胸和禽为泛有光泽的深绿色，背和翅呈栗色，而喙为红色和黄色，非常强健，颇似猛禽的喙。

● 部分为候鸟

几乎在所有的陆上栖息地，从热带和温带森林到草原和半沙漠荆棘丛，从平地到喜马拉雅山的雪线以上，都可以见到鸽子的身影。由于大部分食种子，需要经常性饮水，因此它们很少远离水域。鸽子一般为树栖，但也有一些地栖和崖栖种类。许

斑尾林鸽是欧洲数量最多、分布最广的鸽子。在非繁殖季节，它们通常成群活动，有时规模相当大。

多在树上营巢，在地面觅食。

大部分种类为定栖性，但飞行能力出色。少数种类做长途迁徙。有些种类，特别是干旱地区的种类如非洲的小长尾鸠和几个澳大利亚种类，会广泛移栖。其他一些种类为季节性候鸟。如鸥斑鸠在欧洲、中亚和北非的许多地方繁殖，然后飞越撒哈拉，迁徙至该沙漠南部的萨赫尔地区过冬。类似的，新大陆的美洲哀鸽从繁殖地南下至墨西哥越冬。

● **食种子或果实**

鸠鸽类主要从地面啄食种子，然后在功能强大的肌胃里研磨，常常会吞入一些砂粒帮助消化。在有些季节，多数种类也会食绿叶、芽、花和某些果实。于是，一些种类因为偷食成熟的庄稼或刚发芽的作物而严重危害农业收成。果鸠类几乎仅食果实的果肉。在这些种类中，砂囊能够将果肉剥离而将种子完好地排泄出去。这种适应性使它们成为出色的种子传播者，有大量事例表明它们与结果类植物共生。

有不少种类会捕食少量的蜗牛或无脊椎动物，特别是在繁殖季节；而在城市里的野生种类，有时几乎无所不食。

食种子类需要经常性饮水。与其他大部分鸟类不一样，鸽子为主动式饮水，即将喙伸入水中至鼻孔，然后将水吸入而不仰起头。有些种类会飞相当远的距离前往水源，在那里大规模聚集成群，尤其是在清晨和黄昏的时候。

● **多产多福**

繁殖期来临时，鸽群开始解散，纷纷结成配偶。据目前所知，鸽子均为单配制，配偶整个繁殖期都待在一起，有些种类的配偶关系会持续数年甚至为终身性。

雄鸟的鸣啭通常为简单的甚至相当单调的一连串咕咕声。有些种类的声音可传至很远，虽然只是反复的单个音符。许多种类会进行炫耀飞行，既可用于示威，也可作为求偶的一部分。求偶可能很简单，如斑鸠类便是如此。但在其他种类中，求偶包括鞠

↗ 斑肩姬地鸠以食草籽和谷物为主，这使它们广泛见于新几内亚南部和澳大利亚的农业区。

↗ 两只冠翎岩鸠在相互梳羽

这种栖息于澳大利亚北部和内陆草地的鸟经常长时间栖坐着一动不动。

躬等一系列很复杂的行为，并通常伴有咕咕声。

树栖种类筑细枝巢，外形看似脆弱，但实际上交织紧凑，通常位于树枝上或树枝间。其他种类筑巢于悬崖上，有时筑在人工设施上，少数种类会营巢于地面开阔地带。某些种类（如原鸽）将巢筑在天然的岩缝或岩洞中（不过如今，无论是原鸽的野生后代还是饲养后代都会经常筑巢于建筑物上）。此外，还有数个种类（如欧鸽）营巢于树洞或地洞中。所有这些种类通常都会筑某种形式的巢，但特别是在营洞穴巢的种类中，筑巢过程往往极为简单。一般为雌鸟筑巢，雄鸟供应大部分巢材。所有种类产下的卵均无斑，白色或接近白色。多数种类一窝产2枚卵，但较大种类和大部分热带果鸠类通常为一窝单卵。较之其他鸟的卵，鸽子的卵相对于成鸟体型而言显得非常小，再加上窝卵数又少，这使得鸽子一窝卵的总重量与成鸟体重的比在所有营巢的陆地鸟类中最低（约为9%）。

不过，鸽子的繁殖期很长，有许多种类会连续产下多窝卵，有时一年内可产8窝卵。这种丰产性乃是基于它们拥有很短的孵化期（13~18天）、跟同等体型鸟类相比较短的长飞羽期（雏鸟通常在出生2周后便会飞）以及前后两窝雏可出现重叠现象,即亲鸟还在抚育前一窝雏时又产下一窝卵(有时产于同一巢中)。两性共同担负孵卵和育雏之责,并且双方都会分泌鸽乳。鸽乳富含能量和营养成分,有助于雏鸟迅速成长发育。据研究发现,所有露天营巢的种类中,其雏鸟在会飞时还未长成成鸟的体型,也没有达到成鸟的体重(通常为65%,而在华丽果鸠中仅为26%)。但在洞穴营巢的鸥鸽,其雏鸟飞羽长齐时,体型和体重已与成鸟相当。

有些种类开始繁殖的时间非常早,如地鸠长到5个月大时就开始繁殖。许多种类寿命相当长,尤其是在

鸽的代表种类

1.哀鸽,北美的常见种类;2.维多利亚凤冠鸠,鸠鸽科中最大的种类,雄鸟在做求偶鞠躬表演时会用上它的冠;3.欧斑鸠,在撒哈拉以南越冬,夏季回到欧洲;4.巨果鸠,成群觅食。

知识档案

鸽子
目 鸽形目
科 鸠鸽科

42属309种。属、种包括：铜翅鸠类（铜翅鸠属）、凤冠鸠类（凤冠鸠属）、灰斑鸠、欧斑鸠、皇鸠类（皇鸠属）、粉红鸽、原鸽、欧鸽、地鸠、齿嘴鸠、小长尾鸠、橙色果鸠、华丽果鸠、斑颊哀鸽、哀鸽等。

分布 分布广泛，但南极、北半球高纬度地区以及沙漠中的极干旱地区除外。此外，许多孤岛上也有分布。

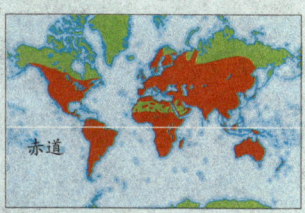

栖息地 大部分栖息于林地或森林，有些栖息于开阔地带或悬崖附近。无论是原鸽的野生后代还是驯养后代如今都可在世界各地的城市里经常见到。

体型 体长15~82厘米，体重30克至2.4千克。

体羽 多数呈灰色和褐色，有些羽色更鲜艳。大型热带种类绿鸠属的主要为亮丽的绿色。部分种类具冠羽。两性相似。

鸣声 咕咕声等多种柔和的鸣叫声，会发出简单的鸣啭，通常仅有数个音符。

巢 大部分在树枝上筑简单的细枝巢，少数营巢于洞穴或地面。

卵 窝卵数1~2枚（通常为2枚）；白色；重2.5~50克。许多种类会连续孵数窝卵。多数种类的孵化期为13~18天，大型种类可达28天。许多种类的雏鸟留巢期尚不清楚，但一般不超过35天，少数可能会更长。但有不少种类的雏鸟在发育完全之前便离巢，剩下的发育待离巢后完成。

食物 主要食植物性食物，包括新鲜的绿叶、果实和种子，结果有些种类成为庄稼的害鸟。亲鸟给雏鸟喂由嗉囊产生的乳汁。

人工饲养后。

● 成败皆有

农业的发展使鸽子受益匪浅。许多种类善于在谷物和果实长到可为人食用前抢先觅食，在某些地区，它们对经济作物构成了严重威胁，如南美的斑颊哀鸽。鸽子会飞到一片区域迅速摄取食物填饱嗉囊，然后快速返回安全的林地慢慢消化。有些种类会成为农作物病的潜在携带者，甚至给人类的健康带来威胁，特别是那些生活在城市的野生种类。

灰斑鸠在20世纪中叶实现了分布范围的大扩张。之前，这种鸟只繁殖于欧洲的东南端，20世纪初，开始通过巴尔干半岛慢慢扩展。从1930年前后起，灰斑鸠迅速向欧洲西北部进军。于1955年首次在英国繁殖，15年后，几乎遍布不列颠群岛。1974年，它们来到葡萄牙。如今，其"势力范围"已伸入北非西部。

而另一方面，有些种类分布非常有限，特别是一些岛屿种类。还有许多种类面临栖息地丧失的严重威胁，这常常由人为因素引起，但飓风等自然灾害的

见于撒哈拉南部的非洲绿鸠，喜居林地尤其是河边林地中，觅食无花果和其他树木的果实。

影响也是一个方面。人们将人工饲养的毛里求斯粉红鸽重新放回野生界中，这种鸟的数量实现了增长。然而，这样的措施要取得成功必须先解决之前导致数量下降的根本原因（对粉红鸽而言为外来天敌的引入）。

  鸟的数量多并不意味着其生存就一定有了保障。北美的旅鸽在18世纪末据估计有30亿只，是世界上最繁盛的鸟类之一，其营巢群居地方圆数千米。即使到了1871年，在美国威斯康星州的一个散布的繁殖群仍有近1.36亿只。和其他所有鸽子一样，旅鸽的肉味道也鲜美，而且它们很容易被击落，因此即使在它们数量大量减少后仍遭到人类的商业捕猎。旅鸽似乎非常依赖于橡果的丰产程度，而后者地区差异恰恰很大，于是它们经常成大群寻找资源丰富的觅食地。栖息地遭破坏加上本身遭捕杀，导致了它们在1900年前后野生灭绝，而最后一只旅鸽于1914年在辛辛那提动物园死去。今天，美洲哀鸽在美国仍遭到大规模捕猎，而在南美部分地区，斑颊哀鸽和不少鸽子的家养品种一样，是人类补充蛋白质的重要来源。

杜鹃 鸟类界的无良"公民"

> 杜鹃的生存信条只有一个：毫不利人，专门利己。处于生殖期的雄雌鸟不会盖属于自己的房子，只等着坐享现成：将自己的卵产于别种鸟儿的巢内，给孩儿找个寄生父母。为了掩盖罪恶，它们会将这家主人的卵吃掉一枚。孵化后的雏鸟，为了得到养父母的关爱，会学习"外国语言"来迷惑它们。在乞食的时候，雏鸟会将口张得大大的，装可怜。更为凶狠的大杜鹃，为了保证自己独享关爱，会将竞争对手——拱下巢去。

作为春天的使者以及有趣的巢寄生现象研究的主体，大杜鹃可谓闻名遐迩，或者说是臭名昭著。杜鹃占据其他鸟巢的不良行径广为人知，以致在英语中专门根据它的名字产生了一个词"cuckold"（意为戴绿帽子者）来指妻子有外遇的丈夫。不过，大杜鹃这种鸣声比外形更为人熟知的鸟，在杜鹃科中其实是一个例外：对这种繁殖于欧洲和亚洲温带地区的鸟，人们有详细的研究，而其他大部分杜鹃则是鲜为人知的热带种类。此外，并非所有的种类都像大杜鹃那样进行巢寄生。杜鹃是极为多样化的一科：北美沙漠中结实强健的走鹃与非洲灌丛中小巧精致的白腹金鹃看上去几乎毫无相似之处。生理解剖的内部细节以及两趾向前两趾向后的对趾结构，

↙ 栖息于马达加斯加长廊林中的凤头马岛鹃，突出的特征是铁蓝色的眼纹和赤褐色的胸羽。

↗ 杜鹃的代表种类

1.堆鸦鹃；2.噪鹃；3.沟嘴犀鹃；4.在自己巢中的黄嘴美洲鹃，当食物充足时，这种鸟会变成巢寄生；5.大杜鹃，正在盗一枚卵；6.走鹃。

知识档案

杜鹃

目 鹃形目
科 杜鹃科

28属140种。种类包括：黑嘴美洲鹃、大杜鹃、大斑凤头鹃、沟嘴犀鹃、白腹金鹃、噪鹃、圭拉鹃、沟嘴鹃等。

分布 欧洲、非洲、亚洲、大洋洲、南北美洲。大多数种类为定栖性的热带或亚热带种类，有一部分候鸟种类会将分布范围延伸至温带。

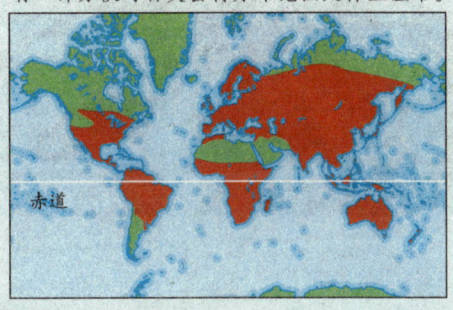

栖息地 从干旱沙漠至潮湿森林甚至高沼地（大杜鹃）均有，但大部分种类栖息于或稀疏或茂密的灌丛和林地，并通常有河流水道。

体型 体长17~65厘米，体重30~700克。两性一般大小相近，有时雄鸟略大。但就整科而言，同一性别的不同种类在大小和体重方面差异很大。

体羽 普遍为不起眼的灰色和褐色，下体通常有横条纹和（或）竖条纹，尾羽展开时有时带有醒目的点斑或块斑。

鸣声 一般听上去似笛声和口哨声，而双音节的打呃声正是这种鸟的英文名的由来。也有很多种类尤其是刚会飞的雏鸟会发出刺耳的鸣声。至少在部分种类中，两性鸣声相异。

巢 非寄生的种类在树上、灌丛或空旷的地面筑一树枝平台巢。

卵 寄生种类每个繁殖期一般产卵8~15枚，非寄生种类的窝卵数为2~5枚。卵重8~70克。非寄生种类的卵相对于雌鸟的体重而言显得很大，部分寄生种类的卵很小。孵化期约11~16天，雏鸟留巢期16~24天。寄生种类卵的颜色各异，主要与寄主的卵保持一致。

食物 几乎完全为食虫类。多数种类会食其他鸟无法觅得的有害猎物（如毛虫）。较大种类也会食某些小型脊椎动物。有一属（噪鹃属）以食植物为主。

使杜鹃有别于与其表面上相似的鸣禽类，而与鹦鹉和夜鹰的关系更密切。这种不同寻常的足部结构使杜鹃可以神不知鬼不觉地爬上纤细的芦苇秆，或者在地面悄无声息地疾走。

● **坏名声来自寄生行为**

杜鹃科包括6个亚科，3个分布于旧大陆，3个见于新大陆，各自之间差异很大。在旧大陆，最大的亚科有54个种类，为清一色的寄生杜鹃。另外2个亚科中，其中一个由28种鸦鹃组成，分布于非洲、东南亚和澳大利亚；另一个由26种岛鹃和地鹃组成，分别只生活于马达加斯加岛和东南亚。在新大陆，其中有18种也被称为杜鹃的非寄生种类，构成与旧大陆亲缘种类不同的一个亚科。3种集体营巢的犀鹃加上圭拉鹃形成另一个亚科。第3个亚科则由10种鸡鹃组成，其中3种为寄生性。

许多种类颇似小型的鹰，喙明显

↗ 一只沟嘴鹃在食无花果

这种世界上最大的杜鹃将卵产于多种鸦类的巢中,如黑背钟鹊和斑噪钟鹊。

下弯,尾长,并且和鹰一样会遭到小型鸣禽的群起围攻。杜鹃之所以这样不受欢迎,原因在于它们中有很多利用小型鸟类的巢来进行寄生式繁殖。约有57个种类将卵产于其他鸟类的巢中,这其中包括杜鹃亚科的所有种类,外加美洲鸡鹃亚科的3个寄生种类。关于在进化史上这种寄生习性究竟出现过多少次一直没有定论。

● 瞒天过海

守护领域的大杜鹃雌鸟会密切关注来来往往的鸣禽留鸟,事实上它主要是在寻找其中的某一种鸟,因为它的卵颜色很特别,需要找一个卵与之相配的潜在寄主。在发现合适的巢后(通常是一个雌鸟处于产卵期的巢),大杜鹃会悄悄地飞进去,将一枚或多枚寄主的卵吞到嘴里,然后迅速放入一枚自己的卵,随后离开,这一切在10秒钟内完成。由于卵的颜色相仿,并且大杜鹃的卵相对较小,巢的主人回来后看不出一窝卵有被动过的痕迹。而大杜鹃在成功完成这一巧妙的行动后,会吃掉盗来的卵,作为对自己的犒劳。

大杜鹃的卵发育极为迅速,即使在寄生发生时寄主的一些卵已开始部分孵化,杜鹃的卵也往往是最先孵化的。出生的大杜鹃雏鸟具有突出的驱逐其他卵和雏鸟的本性。对此，英国医生爱德华·金纳（疫苗接种的发明者）在1788年首次予以了描述。大杜鹃的雏鸟会陆续拱走周围的其他一切东西，直至整个巢中只剩它自己。如此一来，它就消除了任何可能的竞争，确保它的"养父母"一心一意做一件事——抚育贪婪的杜鹃！而即便当悲剧发生时养鸟就坐在巢中，它们也不会干预和阻止杜鹃残害它们自己的后代。

当然，杜鹃并不是千篇一律地都采用这种模式。有许多种类如大斑凤头鹃、沟嘴鹃和噪鹃，并不表现出驱逐行为。相反，它们的雏鸟与寄主（对它们而言通常为鸦类）的后代一同生活在巢中。然而，发育迅速、更活跃的杜鹃雏鸟还是会将雏鸦践踏致死，或者通过巧妙的方式独揽养鸟带回巢内的食物。

即使在孵化后，杜鹃的雏鸟为了能够从养鸟那里得到食物，也必须继续进行欺骗。它们往往通过模仿养鸟与巢中后代之间交流的信号来得逞。如大斑凤头鹃模仿雏钟鹊乞食的鸣叫声可以假乱真，而它乞食时张得大大的嘴甚至比同居一巢的寄主后代更能博得养鸟的同情。

杜鹃乞食的样子极为煽情，以至于在它离开养鸟的巢以后，也同样能引来其他鸟的眷顾。那些路过的小型鸟类，虽然它们既不是亲鸟也不是养鸟，却会向这些"可怜乞讨"的鸟儿施舍食物。

从进化的角度而言，杜鹃的雏鸟成功得到养鸟的抚育实属不易，因为要将这种"行骗"行为做到滴水不漏无疑非常困难。由于对卵颜色和大小的模仿可提高被寄主接受的概率，因此杜鹃会尽可能调整自己以适应当地的寄主种群特点。如非洲褐鹟鹛为非洲中部的一个寄主种类，它们在大部分分布区内产的卵为天蓝色，但在尼日利亚北部的一个地方产的卵为粉红色或紫红色。令人难以置信的是，它们的杜鹃寄生种在进化过程中将这种着色变化如实地继承了下来。这种局部模仿的精确性取决于杜鹃种类（无论为候鸟还是留鸟）对繁殖地的忠诚度，一只不想在自己出生地附近繁殖的雌鸟可能会很难找到合适的寄主。而这种机制得以维持似乎是因为雌性雏鸟不但从母鸟那里遗传了卵的颜色，而且往往会通过寄生感染同一种抚养它们的寄主。由此，杜鹃形成了多种以雌鸟为基础、基因区别明显的繁殖谱系。但这样并不会产生新的种类，因为雄鸟与来自任何谱系的雌鸟进行交配，只会促进基因流动。

黄嘴美洲鹃和黑嘴美洲鹃则代表了介于杜鹃的完全寄生和其他一些种类的部分寄生（如家麻雀、椋鸟和黑

寄生性杜鹃的雏鸟即使在离开寄主的巢后，仍会继续受到援助。有时路过的鸟在听到杜鹃雏鸟那可怜的乞食叫声后会施以食物。图中，一只赤胸杜鹃正从一只海角鸫鸫那里享用到美餐。

水鸡偶尔会将卵产于同类的巢中）之间的进化过渡形态。在许多年份，这2种鸟"正常"营巢。然而，当食物（如蝉）特别丰富时，雌鸟也会试图将卵寄生于同种或不同种的鸟巢中，同时自己育一窝雏。那么是什么样的生态因素导致了这种混合繁殖策略的出现呢？这2种杜鹃的显著特征是：卵相对于身体体型而言显得很大，这些大的卵发育特别快，仅11天就孵化，为鸟类中最短的孵化期。卵迅速孵化对巢寄生的成功自然有着至关重要的意义，因为当杜鹃发现寄主的巢时，那里面已经有发育中的卵，倘若杜鹃的卵孵化远远晚于寄主的卵，那么寄生成功的可能性就非常渺茫。

寄生性杜鹃惹人注意的独特行为往往掩盖了另一个事实，即约有2/3的杜鹃种类在繁殖习性上为非寄生性，它们实行单配制，配偶相伴在一起共同抚育后代。雉鹃便是其中之一。它们抚养1~2只奇形怪状的黑色雏鸟，像其他许多杜鹃一样，在怀疑有天敌出现时，雏鸟会分泌出一种味道难闻的液体。然而，对于大多数种类，我们都知之甚少。

● 相对安全

与其他有些引人注目但只充当配角的鸟类不一样，许多杜鹃种类乃是灌丛、次生林中的主角。它们栖息于受人为影响的地区，而这样的地区随着人类的介入会越来越多。这种栖息地偏好对它们相当有利，从而使受胁种类的比例保持在相对较低的水平，不到10%。大部分受胁种见于东南亚，它们分布范围有限，栖息地面临丧失的威胁。如2个极危种苏门答腊地鹃和斯氏鸦鹃分别位于印尼苏门答腊岛和菲律宾民都洛岛上的森林栖息地，因农业开发而广泛遭到砍伐—焚毁式的破坏。

蕉鹃 "真材实料"的花衣裳

> 大多数鸟儿美丽鲜艳的衣裳，是靠对七色光的折射，反映出来的，而蕉鹃这种鸟儿有一种特异功能，它能自身生产绿色素和红色素。这些微量的铜化合物，需要雏鸟用一年左右的时间吃掉20千克果实，才能获得。

蕉鹃科是唯一仅见于非洲的一个大科，曾被认为与杜鹃有亲缘关系，主要是因为两者均为对趾结构。而另一方面，有关羽毛寄生虫的研究认为，它与猎禽类（鸡形目）有某种亲缘关系。DNA分析则重新界定了蕉鹃和杜鹃的关系，表明它们应当被归入2个不同的目，而不仅仅是2个不同的科。人们对蕉鹃一度知之甚少，以致多年来一直称它为"食大蕉的鸟"，即蕉鹃科"Musophagidae"一词的字面意思。事实上，在非洲，靠食大蕉生存至今根本不可能，因为人们将大蕉引入非洲大陆只是近期的事。

● 钟爱果实

蕉鹃见于多种林地栖息地，诸如山地森林、丛林、大草原、郊区花园等。数十只鸟成群在植被中觅食，主要撷取各种果实，包括某些对人类而言为剧毒的浆果。它们消化的果实中的种子有80%被排放到母树之外的地方，这表明蕉鹃对种子的扩散分布起着重要作用。有少数研究表明，亲鸟给雏鸟喂的食物中，虽然偶尔也含有一些无脊椎动物，尤其是蜗牛，但基本上还是以果实为主。这在陆栖鸟类的雏鸟中是很少见的，因为它们中的大部分在从孵化到独立觅食这段生长发育的高峰期内，一般都被喂以富含无脊椎动物等的高蛋白食物。

● 独特色素

蕉鹃不同于其他所有现存鸟类的一大特点是，它们拥有2种鲜艳的羽色

↗ 作为西非潮湿的低地森林中的"居民"，紫蕉鹃特化成食果实种，尤其喜食无花果。它也被错认为"食大蕉的鸟"之一。

知识档案

蕉鹃
目 鹃形目
科 蕉鹃科
5属23种。种类包括：王子蕉鹃、班氏蕉鹃、黄嘴蕉鹃、蓝蕉鹃、紫蕉鹃、白腹灰蕉鹃、灰蕉鹃等。

分布 非洲中南部。

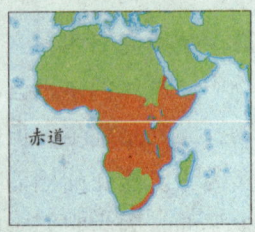

栖息地 常青林和林谷，极少数栖息于大草原。

体型 体长35~75厘米，体重230~950克。

体羽 体绿，翼和尾绿色、蓝色或紫色，或者全身大部分为青紫色或灰色。

鸣声 为单音节或双音节的吠声，带有某些延长的呜咽声。

巢 平而小的树枝结构，筑于树上或低矮灌木中。

卵 窝卵数2~3枚；通常为富有光泽的白色、浅蓝或浅绿色；重20~45克。孵化期约17~30天，雏鸟留巢期14~21天。

食物 果实和某些无脊椎动物。

素（均为铜的化合物）：绿色素和红色素。绿色素为14个种类的体羽提供丰富的绿色，而且是蕉鹃所独有的绿色素（绝大多数鸟类通过特化的羽毛结构对七色光进行折射，从而使羽毛呈绿色）。红色素则负责将大部分蕉鹃翅膀和头部的羽饰染为深红色。

雏鸟需要长达一年的时间才能拥有和成鸟一样的羽色，原因也许就是色素生成所需的铜相对比较稀少，很难获得。据估算，一只蕉鹃需要摄入20千克果实，才能得到足够的铜来为羽毛着色。

● 秘密繁殖

人们常常认为，既然蕉鹃成群觅食，那可能就意味着它们像其他某些热带鸟类一样为群居繁殖，整个群体组织起来，孵卵、看雏和为饥饿的雏鸟喂食等营巢事务由其他个体，而非亲鸟来负责。然而，就我们对蕉鹃繁殖习性有限的了解来看，这种模式迄今为止仅限于一个种类。普遍的现象似乎为单配制的配偶在它们所极力捍卫的领域内进行繁殖。而求偶则通常集中于雨季来临时。两性之间的高度相似性在单配制鸟类中具有代表性。两性唯一的差别似乎仅为喙色不同。

在产卵前几周，雌鸟会受到雄鸟的特别照顾——喂以浆果。窝卵数在大草原种类中为2~3枚，其他种类通常为2枚。一旦真正的繁殖行为开始后，两性共同担负孵卵、育雏、喂雏任务。它们的雏鸟覆有柔软的绒毛，色彩和疏密依种类各不相同。雏鸟饥饿时会张大橘红色的嘴巴，亲鸟则将由果实和昆虫形成的混合物直接回吐到雏鸟的咽喉里。与其他一些鸟类不同

↗ 色彩斑斓的蓝冠蕉鹃羽毛呈富有光泽的黄绿色和绚丽的紫色，眼前方有一个醒目的白斑，翼下侧为鲜艳的深红色。这种鸟有一部分常年栖息于肯尼亚的高地，如肯尼亚山和阿波代尔斯山脉。

的是，这个过程很安静，或许是在它们的森林栖息地中食肉动物太密集的缘故。

孵化的雏鸟在由亲鸟喂食数顿后力量有所增长，这时便表现出颇有几分像古怪的麝雉。毛茸茸的雏鸟在翼关节长有小爪，加上配套的足部结构，它们能够爬出巢，坐在相连的树枝边上，或干脆坐在树枝上。事实上，雏鸟在长到2~3周左右，即在会飞前1~2周，就永远地离巢而去。而亲鸟完全断绝对雏鸟的喂食在许多种类中似乎是在6周左右，不过蓝蕉鹃的雏鸟会受到亲鸟3个月的喂养。

● **身处险境**

蕉鹃有2个种类身处险境。班氏蕉鹃仅限于喀麦隆的高地地区，数量不足1万只，集中在方圆不到500平方千米的山地林中。其中最大的一块森林基拉姆-伊杰姆受到了由当地居民发起的一项保护行动的保护。另一个受胁种类为王子蕉鹃，在埃塞俄比亚境内的分布范围同样非常有限，并且栖息地丧失现象严重。大蓝蕉鹃本身数量众多，在全球范围内不受威胁，但由于其羽毛与肉都是佳品，近年来遭到大量猎杀，使得该物种数量在下降。

蜂虎 冷酷的杀手

> 蜂虎是蜜蜂的天然克星。你肯定会惊奇它们是怎样来对付蜜蜂的毒刺的吧？那就让我们一起来见识一下它们高超的猎食手段：蜂虎捉到蜜蜂后，会先在栖木上狠狠地摔砸几下，将这些不停挣扎的家伙摔晕了，然后用它们尖而长的喙紧紧夹住这些家伙的尾尖附近，在栖木上面来回摩擦，直到这些家伙体内的液体被挤出来，刺和毒囊被去除，然后蜂虎就可以美美地享受了。

蜂虎体羽光滑、色彩鲜艳、身姿优美、声音悦耳，喜爱群居，非常引人注目，无疑是一群与众不同的鸟。无论在地中海、非洲、南亚、东南亚还是在澳大利亚，人们对蜂虎都喜爱有加。黄喉蜂虎是一种每位观鸟新手的"必看"鸟类；蜂虎在澳大利亚的唯一种类彩虹蜂虎，被视为春天的使者；在非洲大陆，村民们以住在红蜂虎的群居地附近为荣；而多达5万只粉蜂虎聚成浩浩荡荡、熙熙攘攘的营巢群体，堪称鸟类世界的"七大奇观"之一。

● 喙大腿长

蜂虎是色彩非常丰富的鸟：大多数上体绿色，下体或绿色，或浅黄色，或栗色。此外，有一个种类全身以黑色为主，有一个种类以蓝色为主，有一个种类以粉色和灰色为主，还有一个以深红色为主。所有蜂虎都具黑色的眼罩，大部分上胸部有一黑色条纹，相连的下颚和喉部为夺目的黄色、红色、淡红色、蓝色或雪白色，通常颊上还会有一条与其色彩对比鲜明的条纹。翅圆（栖息于森林的蜂虎种类）或长而尖（居于开阔地带，尤其是进行长途迁徙或捕猎的种类）。大部分蜂虎的翅为绿色，后缘宽，为黑色。尾相当长，斑纹不多，常常有略长或很长的中央尾羽，而在燕尾蜂虎中，外侧尾羽长。在其他生理结构方面，各种类大体相似：头大，颈短，喙细长而下弯，腿很短，足偏弱。居于栖木上时，所有蜂虎的尾都会小范围地来回做弧形运动，这种平衡行为具有一种交流功能。此外，它们都会采取各种姿势来晒日光浴，其中最常见的姿势是背对太阳蹲伏，翕羽高高扬起。

由于种类之间在整体大小、翼形、尾形以及额、下颚、喉等部位个别羽毛形状上存在的一定差异，蜂虎在过去曾被分成8个属。2个大型的印度和马来西亚种类：赤须夜蜂虎和蓝须夜蜂虎因差异明显，无可争议地单独成为一属（夜蜂虎属）。这2种鸟体型大且相当重，行动相对较迟缓；喙基本成灰色，粗壮，喙尖弯曲，具凹凸槽；喉羽长而下垂；尾羽长，末端呈方形，内面呈黄色。不善鸣叫，鸣声有时显得刺耳。其中赤须夜蜂虎体羽为鲜艳的草绿色，头部汇集了多种色彩：淡紫色、粉红色、猩红色和些许蓝色，并且嵌有一双橘黄色的眼睛。而生活在苏拉威西岛森林中的须蜂虎体羽呈现为绿色、黄褐色、栗色和蓝色，身材更为"苗条"，但与夜蜂虎一样具有长而下垂的喉羽。不过，2种夜蜂虎均为5对肋骨，而这种须蜂虎有6对肋骨，故自成一属。

如今，经过大量的研究分析，人们普遍同意，除上述3个种类外，其他所有种类应当同归于一个属（蜂虎属）。然而，对于蜂虎科究竟有多少种类，人们的观点却正在发生变化，很大程度上是因为当代对于种类的真正属性和如何界定种类的看法在发生变化。有3种蜂虎外形非常相似：繁殖范围从撒哈拉西部东至喜马拉雅西部山麓的蓝颊蜂虎，见于马达加斯加、

↘ 蜂虎的代表种类
1.蓝须夜蜂虎；2.黄喉蜂虎；
3.须蜂虎；4.小蜂虎。

非洲东海岸和干燥的安哥拉沿海的马岛蜂虎以及东南亚的栗喉蜂虎。这3个种类不仅外形和鸣声酷似，并且均为长途迁徙的候鸟。而它们的繁殖范围相互分离或仅仅是相连，因此很难界定它们之间的相互关系，或者说很难确定它们是各自独立的种类。

另一方面，绿喉蜂虎为一种定栖性鸟，分布范围广，从塞内加尔直至越南，分为数个种群，其中仅在大阿拉伯半岛地区就有4个种群，它们在冠羽和喉羽颜色方面存在显著区别（冠羽有绿色、橄榄绿和黄褐色之分，喉羽有绿色、黄色和蓝色之别）。也许绿喉蜂虎倒是真的可以分为数个种类。

● **基本在热带**

蜂虎集中在热带地区。3个相对原

↙ 一小群彩虹蜂虎
这种鸟生活在澳大利亚，迁徙至印度尼西亚。营巢时成松散的繁殖群，有时巢与巢之间相隔很远，以致看上去似乎为独居性营巢。

知识档案

蜂 虎
目 佛法僧目
科 蜂虎科

3属24种。种类包括：黑蜂虎、蓝颊蜂虎、栗喉蜂虎、红蜂虎、黄喉蜂虎、小蜂虎、绿喉蜂虎、马岛蜂虎、彩虹蜂虎、赤喉蜂虎、粉蜂虎、燕尾蜂虎、白额蜂虎、白喉蜂虎、蓝须夜蜂虎、赤须夜蜂虎、须蜂虎等。

分布 欧亚大陆、非洲、新几内亚和澳大利亚。

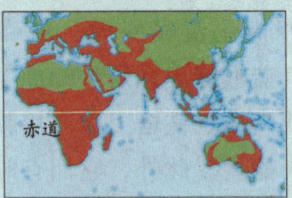

栖息地 主要居于开阔地带如林地和草原，有6个种类栖息于森林。

体型 体长17~35厘米（包括尾羽），体重15~85克。

体羽 大部分上体绿色，下体浅黄色；有些种类全身以黑色、蓝色或深红色为主；眼罩黑色，颈羽黑色，喉部色彩鲜艳。雌雄鸟相似，某些雄鸟着色比雌鸟亮丽并具更长的尾羽。

鸣声 悦耳，为颤音或流音，偶尔也会发出类似乌鸦叫的刺耳声音。

巢 位于岩崖或平地的洞穴末端，无衬材。巢穴通道长可达3米，直径5~7厘米。

卵 窝卵数在热带为2~4枚，在欧亚大陆则可达7枚；白色；重3.5~4.5克。孵化期18~23天，雏鸟留巢期27~32天。

食物 飞虫，主要为胡蜂和蜜蜂。

始的种类：蓝须夜蜂虎、赤须夜蜂虎和须蜂虎栖息于南亚和东南亚的雨林中，这一点连同其他线索表明，蜂虎起源于那里，后扩展至非洲并在那片大陆上繁盛起来。由于被孤立于南北热带草原中间的雨林中，这3个种类便独立进化至今。

红蜂虎和南红蜂虎被认为是在约13000年前从同一个原种趋异进化而来的。类似的，北部热带地区的赤喉蜂虎和南部热带地区的白额蜂虎在约75000年前由共同的原种分化而成。只有2个种类分布在欧洲和亚洲的广大温带地区。蜂虎一直都没有进军新大陆。澳大利亚只有彩虹蜂虎一种。

● 蜜蜂克星

在养蜂技术广泛传播至温带地区和美洲之前，蜂虎的全球性分布范围与蜜蜂（蜜蜂属）的全球性分布范围相当一致。原因很简单，蜜蜂是绝大部分蜂虎迄今为止最常见的猎物。即使飞虫数量众多，但只要可捕得蜜蜂（无论是在蜂窝附近，抑或是在开花的树林和草本周围），蜂虎肯定会优先选择后者。它们捕食4种蜜蜂，其中包括大蜜蜂——一种危险的螫蜂，营大规模的群巢，东方人对其敬而远之。蜂虎的其他猎物还有熊蜂、胡蜂、大黄蜂，以及蜻蜓和豆娘。它们

↗ 燕尾蜂虎在非洲南部的繁殖种群被认为是起源于从欧洲前往那里越冬的候鸟。

捕食的大部分蜜蜂都是有毒的，偶尔将目标瞄准少数不带刺的雄蜂，这很可能是因为蜂窝外蜜蜂数量稀少的缘故。一只黄喉蜂虎每天需要摄取225只蜜蜂或蜜蜂般大小的昆虫来维持它和后代的生存。

蜂虎捕猎时主要在栖木上注意飞来飞去的昆虫。它们警觉地伏于某个有利的位置，如树顶的枝条、篱笆或电线上，不时转动头部进行全方位扫视。出击飞行时会做翻身和扭身动作，随后很快就将猎物轻松擒在嘴里。然后优雅地滑翔回栖木上，将猎物抛到空中用喙尖夹住，在栖木上狠砸数下。如果猎物带刺，蜂虎会攫住它的尾尖附近，然后在栖木上摩擦，像人使用橡皮时的动作。蜜蜂体内的液体被挤出来，沾在栖木上，刺和毒囊被去除。在数番击砸和来回摩擦后，猎物已是动弹不得，最后被整个一口吞下。

在开阔地带，体型相对较大且翅尖的蜂虎（即蓝颊蜂虎、马岛蜂虎、栗喉蜂虎、黄喉蜂虎、粉蜂虎、红蜂虎、蓝喉蜂虎和彩虹蜂虎）通过从树顶或高压线铁塔上像"接腾空球"那样来捕食。此外，它们有时也会在高处盘旋，然后追捕猎物，当然采取这种方式的频率各种类不一。人们曾观察到马来西亚的栗喉蜂虎在一大片上方布有纵横交错的电线的稻田里觅食，在那种情况下更容易准确判断猎物的距离和方位。它们迎着微风栖于电线上，发现80~95米开外的大黄蜂，迅速地直线出击，水平或略向上飞行，直至抵达猎物的正下方，然后将喙猛然地向上一伸，准确无误地将猎物擒获。

在非洲，红蜂虎通常在空中捕猎。通过网捕一些飞落在灌木上栖息的红蜂虎进行研究发现，它们的喙上沾有蜜蜂毒液的特别味道，因而它们似乎是在空中捕获蜜蜂后用喙刺破蜜蜂去毒，然后直接吞入，而不像其他蜂虎那样回到栖木上再作处理。此外,生活于撒哈拉南端的白喉蜂虎也打破了只有大型的长翅种类才在飞行中捕猎的规律。这种小型、圆翅的非洲蜂虎主要在空中捕捉飞蚁。它们从撒哈拉迁徙至赤道森林越冬,它们在那里的树阴层上空捕食,或从树顶"接腾空球",或在持续的飞行中追捕猎物。另外,白喉蜂虎还有一条觅食之路。它们会栖于油棕榈低处的叶子上,当松鼠为了得到果核将外层的纤维一片片剥去时,白喉蜂虎便会迎上去,在半空中接住掉落下的油棕榈皮,然后回到栖木上津津有味地吃起来,仿佛这些棕榈皮是甲虫一般。

红蜂虎也有其他的特化觅食表现。它们会跟随迁徙的蝗虫群大量捕食蝗虫。灌木起火时,它们会远道赶来捕捉被火惊飞的昆虫,主要有蝗虫、蚱蜢和螳螂,通过在烟火附近盘旋觅得。它们会经常跟在穿越灌丛的人和车辆后面,捕捉草丛中受到惊扰的昆虫。它们甚至还会利用在吃草或跑动中的羚羊——骑在羚羊身上把它们作为"移动的栖木",无疑是进化了一大步。这种现象在热带北部较为常见,在塞内加尔至索马里,

1.蜂虎追捕蜜蜂时一般距离很短,路线很直,但有时也会有一些翻身和扭身动作;2.蜂虎头向上一转,逮住蜜蜂;3.滑翔至一根栖木上,将蜜蜂在栖木上摩擦,放掉毒液,取出毒囊和刺;4.一口吞入。

↗ 一只红蜂虎骑在一只灰颈鸨的背上,等着捕捉后者在草原中穿行时惊起的昆虫。

经常可以看到色彩鲜艳的红蜂虎骑在鸨、鹳、山羊或羚羊身上。但不知为何,这一现象在赤道以南很少见到。此外,颇令人意外的是,红蜂虎以及其他两三种非洲和东方的蜂虎偶尔会捕食鱼类。它们会在池塘或河流的平静水面上低空缓慢飞行,然后垂直扎入水面下数厘米的浅水中,随后马上重新返回空中,嘴里往往叼着一条小鱼。蜂虎食鱼,也许和它们的"远亲"翠鸟有时食蜜蜂同一道理。

● 凿穴营巢

和翠鸟一样,蜂虎也在土壤中掘穴营巢。大部分种类既在直立的岸滩上凿穴,也会在平地上掘洞,不过赤喉蜂虎和白额蜂虎只见于在岸滩上营巢。小蜂虎会将巢筑于高处的土崖上或低处岸滩上,也经常营巢于地面马蹄坑内的"岸"上,此外,这种鸟还会选择土豚宽敞的洞穴通道,在通道上方凿一个它们自己的巢穴。蜂虎的巢穴通道在平地上为向下倾斜,在土崖上则为水平或向上倾斜,通道末端为一宽敞的椭圆形卵房。其中赤喉蜂虎的通道中有一隆起处,将外面的入口和里面的卵房隔开,可以防止卵意外滚出去。巢内无衬材,但不久就会积起一层被踏乱的难消化食物的回吐物,几乎能将一窝卵淹没。渐渐地,巢内就充斥着鸟粪和食物残骸,到处是食腐的甲虫幼虫。像海鸟群居地一

↗ 绿喉蜂虎最多成对出现,而不会3只鸟一起出现,表明在这种鸟的繁殖机制中不像其他蜂虎那样有帮助育雏的"协助者"。

样，一个大的蜂虎营巢群居地也会散发出一种氨的难闻气味。

在平地上掘洞时，蜂虎会使喙尖和两侧的腕骨成三角支撑，然后用双腿像人蹬踏自行车那样向后刨土。有些洞可挖至2米深。地面巢易于被水淹和遭到蛇及啮齿动物的袭击。而即使将巢筑于高处的土崖上，也并非就能高枕无忧，卵和雏鸟照样会常常受到从崖脚爬上来的巨蜥和从崖顶绕下来的蛇的侵袭。

蜂虎在出生的第一年年末就可以繁殖，或者像其他许多热带鸟类一样，协助繁殖的配偶育雏。在多数种类中，鲜有特别的求偶炫耀方式，常见的是求偶喂食，以及驱逐雄性对手和邻近的营巢配偶。不过白喉蜂虎会进行"蝶飞"求偶，伸展双翅，徐徐扇动，胸部深陷。在不少种类中，当配偶回来时，栖于枝头的另一方会张开翅膀、展开和抖动尾羽，并大声鸣叫以表示欢迎。雌雄鸟（以及协助者）共同凿穴营巢，但孵卵基本上由雌鸟担当。卵隔日产下（或在大的种类中隔2天产1枚卵），孵卵工作从第一枚卵产下后便陆陆续续地开始，而当第2枚或第3枚卵产下后则全面启动。因此，卵孵化时也按产卵的顺序大致间隔1天，一窝雏鸟在年龄和体型上就逐渐递减，通常最晚孵化的雏鸟出生时，最先孵化的雏鸟已是它的两

↗ 红蜂虎的成群规模一般为100~1 000只。这种鸟在非洲南部的亚种（见图中）与北部亚种相比，区别在于喉部不像后者那样呈竹蓝色。

三倍重。

双亲和协助者平等地为雏鸟喂食，而喂食的昆虫通常比这些成鸟自己摄入的要大。因此雏鸟发育迅速，它们在会飞时体重可超出成鸟平均水平的20%。会飞后，雏鸟和亲鸟及协助者仍有可能继续在巢穴里一起栖息数日，但一般它们开始在离巢有一段距离的植被上栖息。在有些情况下，"家庭成员"（黑蜂虎为4只，小蜂虎为6只，黄喉蜂虎为4~9只，白喉蜂虎可达12只）会始终居住在一起，直至

↗ 2周大的黄喉蜂虎雏鸟
它们在1周大时睁开眼睛,并且赤裸的身上迅速长出长而尖的灰色刺毛(日后发展成羽毛)。

次年的繁殖期到来。雏鸟在会飞后6周左右的时间里常常如影相随地跟着亲鸟觅食,依赖于它们。

非洲的赤喉蜂虎和白额蜂虎拥有鸟类界最复杂的群居机制之一。赤喉蜂虎的群居密度非常高,在1~2平方米的崖面有多达150个巢穴。其中约2/3由一对配偶独立营巢,剩下的1/3由配偶和1~3名协助者(通常为它们在前一年抚育的后代)共同营巢。见于塞内加尔、马里、尼日利亚的白额蜂虎也表现出类似的群居性,不过它们大部分巢中有协助者1~5名,最多可达6名,并且某些个体在不同的繁殖期会轮流扮演繁殖者和协助者的角色。通常,数对配偶和它们的协助者会形成一个部族,一个营巢群居地可有3~6个部族。

● 养蜂人的眼中钉

眼下尚没有哪种蜂虎的生存受到严重威胁,但倘若商业养蜂在非洲进一步发展下去,那么有些种类的数量将会下降。在古埃及,蜂虎被视为养蜂场的害鸟,至今在不少地中海国家每年都有成千上万只蜂虎被杀。然而,如今我们已经知道它们捕食的主要是大黄蜂、三角泥蜂等食蜜蜂的昆虫,因此从长远来看,不再迫害蜂虎,反而会使养蜂人受益匪浅。

刺鹩 "志愿者"的如意算盘

> 刺鹩妈妈特别能生产,一窝能产5枚卵,这些哇哇待哺的孩子让爸爸很头疼,自己单打独斗养活这么多,难啊。于是,有爱心的"志愿者"就出现了。它们帮助爸爸给后代喂食,清洁窝内的排泄物,保护幼鸟的安全。难道它们的精神境界真的那么高,没有任何企图?当然不是。其实,这些"志愿者"很会打算盘的,这不过是它们的一笔感情投资,日后,这些"单身男青年"的媳妇很有可能就隐藏在这些小雏鸟中。

刺鹩科是一个不引人注目的小科,仅有2个现存种类,与其他雀形目鸟没有密切的亲缘关系。2个种类的飞行能力都很弱,这一特征可能与在人类到达新西兰之前那里没有哺乳动物天敌有关。随着天敌的引入和栖息地的变更,至少有2个种类业已灭绝,而现存的2个种类的分布范围也大为缩小。雄刺鹩是新西兰最小的鸟。刺鹩科被认为已灭绝的2个种类中,丛异鹩已有数十年未曾出现,而来自库克海峡地区的新西兰异鹩有可能是一种不会飞的鸟——1894年,一位守灯塔人的猫就捕获了15只这种鸟,那只猫很可能消灭了这种鸟的整个种类。

● 易受威胁的小鸟

刺鹩科2个种类身材矮胖,腿和脚趾相对较大,翅短而圆,几乎无尾。体羽柔软呈绒羽状。喙细长而锐利,其中刺鹩的喙微向上弯。

异鹩属被认为是新西兰的本土种类。其中岩异鹩占据着高山和亚高山带的森林,而已灭绝的丛异鹩则生活在低海拔的栖息地中。岩异鹩见于新西兰南岛海拔1200~2400米之间的西部山区,尤为喜居植被稀疏的岩石露出层(低矮的丛林和荒原)、岩屑堆

↗ 作为刺鹩科中较小的种类,刺鹩比岩异鹩常见,尽管它们倾向于避开人类的居住地。图1为纯色的雄鸟,图2为多条纹的雌鸟。

和冰碛层。和刺鹩一样，它们主要食节肢动物，取自石缝中、密矮的草皮下，甚至雪层下。它们还会将食物贮藏在领域里的缝隙中，通过发出单音节的鸣声来维护领域。刺鹩则从树皮及树阴层的叶簇中啄食它们的猎物。

● 营巢协助者

刺鹩科为洞穴营巢种类，刺鹩倾向于在树洞中营巢，而岩异鹩会在中空的木材里、岩缝中和地洞中营巢。刺鹩的雌鸟每隔一天产下1枚卵，卵的重量约为它自身体重的20%，而它的第一窝卵有5枚，因此意味着它在9天时间里需要产下相当于自身体重的一窝卵。雌鸟由此产生的能量需求影响到了这一种类的繁殖行为。如雄鸟在雌鸟产第一窝卵之前及期间负责给它喂食，为它补充产卵所需的全部营养。雏鸟孵化时仅有1.3克，需要亲鸟精心呵护，而这在整个漫长的雏鸟留巢期基本上都由雄鸟来担负。在共育2窝雏的60天繁殖期内，雄鸟这种高度的亲鸟责任感表现得极为突出，它负责大部分的筑巢工作、昼间的孵卵、给雏鸟喂食。

刺鹩偶尔会有1~3只"协助者"帮助亲鸟喂食留巢的雏鸟和刚学会离巢的幼鸟。当这种现象发生在育第一窝雏时，一般雏鸟为8天大，而协助者为两性成鸟（通常为雄鸟），与亲鸟可能没有血缘关系。它们所做的工作包括给后代喂食、保护它们不受掠食者侵袭以及清除排泄物。

在育第一窝雏时有2种类型的协助者：有些定期并经常性协助单个巢，而其他的零零星星地协助多个巢。人们对一个刺鹩种群进行了详细研究，结果发现大部分成鸟协助者为未结偶的雄鸟，日后它们中的一部分会与它们先前所喂养的雌性雏鸟结成配偶。

知识档案

刺　鹩
目 雀形目
科 刺鹩科
现有2属2种：岩异鹩、刺鹩。

分布 新西兰。

栖息地 森林或林地。

体型 体长7~10厘米，体重5.5~20克。

体羽 雄鸟上体绿色，下体米色，有时身体两侧呈黄色；雌鸟全身羽色相对暗淡，上体黑褐色，刺鹩的雌鸟多条纹。

鸣声 岩异鹩发出3个音节的"呼呼呼"声以及一种似笛声的鸣声；刺鹩反复发出"呲—呲"的声音，遇惊吓时则发出听上去忧伤的渐低颤音。

巢 刺鹩筑巢于树干（包括直立的朽木）的树洞中；岩异鹩与之相似，但除此之外还会筑于岸滩的洞穴中和其他地面巢址。

卵 窝卵数2~5枚；白色。孵化期19~21天，雏鸟留巢期23~25天。

食物 以节肢动物为主。

因此，获得更多的结偶机会很可能是它们从事协助行为的原因之一。

由协助者喂养的后代其体重并不明显重于那些离巢独立觅食的后代，但它们可以从协助者那里获得更多、更好的食物。同时亲鸟也受益匪浅，它们喂雏和护巢的负担得以减轻。此外，一个繁殖期内第1窝的雏鸟随后也会帮助给第2窝雏鸟喂食。

雏鸟离巢时体重明显重于成鸟。倘若育第2窝雏，窝卵数会少1枚左右，不再有求偶喂食，巢的布置也相对简单，并且在第一窝雏学会独立后才开始孵卵。

岩异鹩不实行协作繁殖机制，亲鸟双方一起喂雏，繁殖期（很短，与高山环境中的生活相适应）在各方面共同参与。雄鸟在整个繁殖期都会给雌鸟喂食，但有时雌鸟也会有所回报。

岩异鹩的卵约为雌鸟体重的13%，窝卵数3枚左右。每年只育一窝雏，除非遭侵袭而不得不补育。和刺鹩一样，它们似乎也为单配制。倘若机会合适，幼鸟会在离巢的同一个繁殖期内马上结偶。刺鹩科2个种类的鸣声都很简单，主要以时间间隔不等的方式重复单个音节。

● 来自白鼬的威胁

自从欧洲移民来到新西兰后，尽管在它们的栖息地中大部分的森林动物为外来种类，刺鹩仍是刺鹩科中处境最乐观的种类。它们喜居的天然栖息地之一海滩森林仍相对繁盛。并且，刺鹩似乎能够很好地应对栖息地的退化或变迁以及外来天敌的威胁。

相比之下，欧洲移民定居新西兰之前曾见于南北两岛的岩异鹩，近年来分布范围大幅缩小，主要的威胁来自一种引入的哺乳动物（白鼬）的掠食。岩异鹩目前被世界自然保护联盟列为近危种。尽管人们进行了大量的研究来规划新的控制白鼬的办法，包括改进陷阱装置、诱饵、毒素的使用以及发展生物技术等，但要在近期实现对岩异鹩的保护看起来希望不大。

↗ 刺鹩以食昆虫和蜘蛛为生，多数时间都在大树枝及枝干上觅食。这种鸟经常绕着树干成螺旋形往上爬，等爬到6~9米后，便又飞到另一棵树的根部。

八色鸫 鸟类界的"爱因斯坦"

> 八色鸫的智商高得可以称为鸟类界的"爱因斯坦"。它们竟然懂得用工具来对付它们的俘虏——蜗牛。它们会用一块岩石或一根原木做"砧板"来砸开蜗牛的壳，美美地大餐一顿。

色彩鲜艳、身材丰满的八色鸫是一群引人注目的热带鸟类，主要分布在东南亚。它们有如珠宝般耀眼的羽色，再加上其稀有性，使之成为像极乐鸟那样具有独特魅力的鸣禽。"pitta"一词源于印度南部的马德拉斯地区，意思就是"鸟"。1713年，这一词首次用以称呼印度的蓝翅八色鸫。

● **森林地面的群居者**

八色鸫为长腿短尾鸟，喙和脚强健，适于在森林地面或近地面处生活。它们夺目的羽色包括鲜艳的猩红色、绿松石色、铁蓝色，各种丰富而细密的绿色，天鹅绒般的黑色及瓷玉般的白色等。然而，最亮丽的部位往往很难看到，因为它们通常藏于身体的内侧。而八色鸫经常一动不动地背对着有动静的方向然后迅速逃离飞进植被丛中，这种习性使人们更难以一睹它们绚丽的风采。

有些八色鸫翅上有白色的斑或在肩部和初级飞羽上有蓝色的斑，这些可能是为了方便在昏暗的环境中进行视觉联络。较大的种类，如栗头八色鸫，还具有大得出奇的眼睛，以提高在森林纵深处活动时的视力。少数甚至表现出部分夜行性，不过大部分仍在夜间栖息，栖于高处的树上，喙藏进翅膀内。

在拂晓和黄昏，在暴风雨来临前或在有月光的夜晚，八色鸫经常会栖于离地面10来米的枝头，头向后仰，大声鸣叫，而附近的八色鸫常常会积极响应。领域性很强的它们对模仿自己鸣叫的声音会迅速作出回应，哪怕在非繁殖期（那时它们一般为独居、只占据觅食

↗ 一只马来八色鸫正栖于一块岩石上
这一东南亚种类为候鸟，会迁徙至澳大利亚西北部越冬。

知识档案

八色鸫
目 雀形目
科 八色鸫科

八色鸫属32种。种类包括：非洲八色鸫、蓝胸八色鸫、蓝尾八色鸫、蓝八色鸫、蓝斑八色鸫、蓝头八色鸫、蓝背八色鸫、马来八色鸫、双辫八色鸫、仙八色鸫、大蓝八色鸫、黑冠八色鸫、泰国八色鸫、绿胸八色鸫、蓝翅八色鸫、噪八色鸫、栗头八色鸫、吕宋八色鸫等。

分布 非洲、东亚、南亚至新几内亚、所罗门群岛和澳大利亚。

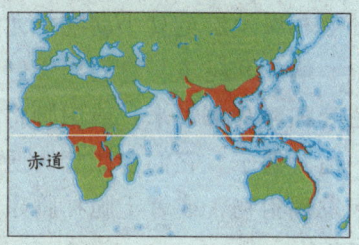

栖息地 常青林、落叶林、竹林、红树林、多林的峡谷、次生林和种植园。

体型 体长15~29厘米，体重42~207克。

体羽 绚丽多彩，有鲜艳的蓝色、绿色、红色和黄色，头部和下体色彩最醒目。两性差异细微，但4种斑纹种类除外，它们的雌鸟着色单一。幼鸟羽色暗淡，多为褐色，具斑纹。

鸣声 一连串音高各不相同的短促口哨声，通常为双音节，有多种颤鸣。警告鸣声为响亮的吼叫声。

巢 大型的球形结构，由细枝和细根零乱筑成，外面常覆以苔藓，里面衬以柔软物质。入口在侧面低处，正面有一小型平台。

卵 窝卵数1~7枚，通常为2~5枚；形状从偏圆的椭圆形到球形各异，有些富有光泽；白色或浅黄色，带灰色或淡紫色条纹或者有红色或紫色斑点；重约5~10克。孵化期15~17天，雏鸟留巢期12~21天，具备独立能力很早（为出生后5~24天）。

领域）也不例外。面对入侵者，八色鸫会进行威胁炫耀。如噪八色鸫会蜷伏起来，抖松羽毛，展开翅膀，喙向上竖起。蓝背八色鸫也有类似的炫耀，不同之处是会把头伸到后面，从而露出喉部下面三角形的白斑。

● 亚洲至非洲

八色鸫广泛分布于热带亚洲，见于从平地到海拔2500米之间的地区，并扩展至日本（仙八色鸫）、澳大利亚和所罗门群岛（有6个种类）以及非洲热带地区（非洲八色鸫）。所有种类均生活在森林类的栖息地中，尤其是低地至中部山区常青雨林的残余区。亚洲雨林中栖息着最稀有、最鲜为人知的八色鸫种类（包括极富特色的双辫八色鸫、蓝八色鸫和大蓝八色鸫），其中有一些如红腹的吕宋八色鸫以及呈黑色和天蓝色的蓝胸八色鸫则仅限于少数菲律宾岛屿上。呈醒目的蓝色、黄色和黑色的泰国八色鸫，其有限的分布具有独特的意义：它沿泰国和缅甸分布的500千米范围恰好是2个重要的动物区系的汇合处。目前，这种鸟的分布只剩1个点，已知仅有12

对配偶尚存,被列为极危种。

除了一些因季节和海拔而发生的小范围迁移外,只有8种八色鸫(其中包括蓝翅八色鸫、马来八色鸫、非洲八色鸫等)已知会做定期的迁徙。这些种类为夜行性候鸟,有许多记录表明光对它们有特殊的吸引力。非洲八色鸫在半个世纪前还被认为是定栖性鸟,直到有位生活在坦桑尼亚的鸟类学家经过对这种鸟几年的观察记录后发现,它们在夜间飞入有光的屋子这一行为具有季节性。进一步研究发现,非洲八色鸫在东非会做定期迁徙,而在西非和中非对它们夜间活动所做的记录表明,这还不是全部,因为它们每年会前往津巴布韦境内赞比西河下游的低地森林中繁殖。

在马来西亚,一项针对八色鸫夜间迁徙的研究不仅确知了它们进行迁徙的日期,而且还发现八色鸫并不像其他夜行性鸣禽那样迁徙的高峰期出现在满月期间,而是发生在新月期间。此外,一些候鸟种类的个体经常被报道迷失在通常的迁徙范围之外,如有一次一小群八色鸫着陆在海上的一艘船上。

● 觅食于落叶层

八色鸫很多时候都在森林地面的落叶层和腐殖层觅食小动物,尤其是蠕虫、蜗牛和昆虫。它们用强健的喙将树叶和碎片翻过来,或用脚将其耙于一边。偶尔,它们会侧着头通过听觉来发现猎物,或者干脆扑腾翅膀来惊起猎物。

有些八色鸫钟情于蜗牛丰富的

↘ 八色鸫的代表种类
1.蓝翅八色鸫;2.泰国八色鸫,被世界自然保护联盟列为极危种。

栖息地，如蓝尾八色鸫喜居石灰岩悬崖，在那里它们会利用一块岩石或一根原木做"砧板"，来砸开蜗牛的壳。一项针对一只人工饲养的绿胸八色鸫食物习性的研究发现，这种鸟最爱食蠕虫，每天的蠕虫摄入量约等于它自身的体重。

● 共同孵卵育雏

八色鸫通常在离地面3米以内的树桩、板根、伐倒的树木及植被丛中筑大型的巢，有时也筑于岸上或岩缝里。若巢受到威胁，亲鸟会通过鸣叫努力将入侵者引开。在高纬度地区，繁殖期只限于夏季，但在赤道附近的八色鸫，除了季风高峰期，在年内大部分时间里都有可能繁殖。

求偶由雄鸟发起，表现为在雌鸟面前做出一种直立姿势，张开翅膀，跳起求偶舞蹈（包括身体的多种上下运动），同时伴以响亮的鸣声。如果雌鸟作出回应，交配随之发生。接下来，雄鸟在雌鸟的帮助下开始筑巢。两性共担孵卵和育雏之责，给雏鸟喂食并清理排泄物。在雏鸟会飞后，亲鸟会很快将它们逐出巢，开始产第2窝卵。

● 适应性强但并非高枕无忧

尽管八色鸫科被认为是严格意义上的林栖性鸟，但事实上它们是极少数对栖息地变更能作出积极反应的鸟类之一。人们通过在马来西亚沙巴州的研究发现，即便是受到森林砍伐的不利影响，有数个种类仍会回到轻度受损或部分再生的森林中生活。也正是如此强的适应性才使泰国八色鸫得以继续存在。但是目前这一种类在原产地泰国受到栖息地毁坏的严重影响，除非在邻国缅甸（这种鸟在那里也曾繁盛一时）能够发现新的种群，否则很有可能将于不久后灭绝。

其他几种分布在有限的大陆区域或海岛上的八色鸫也为受胁种类，主要威胁来自于栖息地的大面积受损。此外，八色鸫还受到被人类捕猎的威胁，用于笼鸟交易或作为餐桌上的美食。面临这一威胁的不仅有留鸟种类，也有迁徙途中的八色鸫，并且在某些地方，如越南，仙八色鸫等一些种类所受的这种附加威胁日益严重。

↗ 作为东南亚低地森林中的一种留鸟，蓝尾八色鸫经常出没于石灰岩悬崖觅食它偏爱的蜗牛。由于其羽毛鲜艳而频繁遭到猎捕，如今已被列于《濒危野生动物种国际贸易公约》中。

娇鹟 这样才是"好哥们"

雄性娇鹟追求"心上人"可谓费尽千辛万苦,不但要才艺俱全,还得找个"好哥们"来捧场,两只鸟儿一起在炫耀木上又唱又舞。待到"心上人"点头应承,"好哥们"便全然身退。"好哥们"之所以有如此君子风度,是因为它的羽毛还没长齐,只能从"配角"慢慢地干起,希望有朝一日,在爱情的竞技中成为"男主角"。

娇鹟是一个新热带群体,以鲜明的性二态、"展姿场"繁殖行为、复杂的求偶炫耀而出名。它们与伞鸟的亲缘关系最密切,两者之间具有许多共同的进化特征。娇鹟一般为小巧精致、非常活跃的鸟,喙短,头大,翅宽而圆,尾短。大部分种类的体羽呈现明显的性二态:雄鸟具有多种鲜艳色彩和醒目斑纹,有数个种类的雄鸟还拥有长而艳丽的尾羽、可竖起的喉羽、将喙都盖住的豪华冠羽。与之相反,所有种类的雌鸟都呈隐蔽的绿色,使它们成为最难被人类发现的鸟之一。

● 绚丽的雄鸟、暗淡的雌鸟

娇鹟与伞鸟和霸鹟的区别体现在鸣管结构等形态特征以及分子特征和生命史特征等方面。多数的娇鹟属(如长尾娇鹟属和娇鹟属)为进化谱系单一的群体。然而,形态学和分子系统学的研究确认了有几个传统的娇鹟属并不是娇鹟进化支上的成员。如希夫霸鹟属的3个种类如今被认为应当归入伞鸟的一个亚科(厚嘴霸鹟亚科)。阔嘴霸鹟的隶属关系则一直游离不定,但明显不属于娇鹟科。

↗ 一只白须娇鹟雌鸟展示了它的绿色保护色,这样的着色使许多娇鹟雌鸟与周围的森林环境融为一体。

知识档案

娇鹟
目 雀形目
科 娇鹟科
13属50种。种类包括：盔娇鹟、蓝背娇鹟、长尾娇鹟、白须娇鹟、巴西霸娇鹟、线尾娇鹟等。

分布 中南美洲。

栖息地 热带森林。
体型 体长9~19厘米，体重10~25克。
体羽 大部分种类的雄鸟着色醒目，底色为黑色，有红、橙、黄、蓝或白色斑；雌鸟为橄榄绿。少数种类主要为橄榄绿或褐色，两性无区别。
鸣声 多种刺耳的尖叫声、颤音、嗡嗡声，无真正的鸣啭。有些种类翼羽变异，会发出响亮的机械声响。
巢 敞开的杯形巢，通常筑于低位植被中。
卵 窝卵数几乎总是2枚；白色或浅黄色，有褐斑（在拟鹟希夫霸中为黑斑）。孵化期17~21天，雏鸟留巢期基本上都是13~15天。

在所有呈性二态的娇鹟种类中，雄鸟在达到性成熟时体羽的发育都滞后，其中出生后第一年的体羽和雌鸟相似，为绿色。有部分种类的雄鸟甚至长出明显的亚成鸟体羽，会一直被覆2~4年，然后才长出真正的雄性成鸟体羽。

娇鹟的生理特征呈现多样性。少数在求偶炫耀飞行中翅膀会发出机械声响，其初级飞羽和次级飞羽、翅膀肌肉组织、与产生声音有关的骨骼都出现了变异。而娇鹟在鸣管结构上的变异程度则达到了极致——所有的属及许多种类仅通过鸣管就能加以辨别（这在鸣禽类中实属罕见）。

● **新热带的森林居民**

娇鹟全部分布在新热带，北起墨西哥南部，南至巴西南部、巴拉圭和阿根廷北部。主要栖息于潮湿的低地热带森林中，少数种类生活于潮湿的山区雾林和季节性干旱的低地热带森林。和许多新热带的食果鸟一样，一些山区种类会在不同的海拔高度做季节性迁徙，但低地种类为永久性的留鸟。许多娇鹟和它们的亲缘种类呈异域分布或邻域分布，从而使娇鹟在新热带的生态位得到弥补。

● **"飞袭"果实**

大部分娇鹟为食果鸟。它们生活在森林的下层植被中，以食小型果实为主，偶尔捕食昆虫。有意思的是，它们通过快速飞行袭击的方式来摘取果实的特征很明显，这是因为它们的食果习性由食虫习性演化而来，但仍保留了过去飞捕式的觅食习性，因而以同样的方式来对付它们的植物性

"猎物"。雌鸟的巢域很大，不完全为领域性。雄鸟大部分时间都在传统的炫耀地度过，在繁殖期它们用以觅食的时间一般不足全天的10%。

鸟类学家大卫·斯诺提出了这样一个假设，即娇鹟的食果习性促进了它们"展姿场"一雄多雌制的发展。因为昆虫通常具有隐蔽性或具有毒性，并且难于捕食；相反，果实不仅明显且数量众多，很容易找到和食用。倘若一种鸟能够进化成以果实为主来喂养后代，那么为了减少被掠食的可能，通过自然选择作用，亲鸟营巢活动较少的个体会生存下来，从而导致的结果便是窝卵数少，同时雄鸟不参与营巢活动。

● **向雌鸟炫耀**

娇鹟以它们的展姿场繁殖机制而出名。雄鸟维护一片并不具有资源意义的领域，大小为直径数米至数十米。雄鸟的展姿场领域既有集中连成一片的，也有散布的。雌鸟承担所有亲鸟的职责，雄鸟只负责贡献精子。雌鸟从雄鸟中挑选交配对象。因而展姿场机制对娇鹟而言大大促进了它们第二性征的发展。

雄鸟的展姿场炫耀行为在不同的属和种类之间各异，但炫耀行为的演变模式与全科的整体进化方向保持一

↗ 从背后看，蓝背娇鹟天蓝色的背羽一目了然，其名字也因此而来。事实上，这种鸟头顶红色的盾在展资场炫耀中起着更突出的作用。

致。白须娇鹟拥有大型的展姿场，娇鹟的繁殖炫耀行为在这里得到了充分展现：每只雄鸟在地面上清整出一片"宫院"，与邻居的间隔数米，然后在宫院上方或围着宫院快速飞行，伴以尖锐的鸣声，同时变异的翼羽也会噼啪作响。雌鸟会光顾多个展姿场，然后选择一个交配对象，之后独自承担起所有的营巢育雏任务。雌鸟将它们精致的碗状巢筑于某些低位植被（常常在森林的溪流边上）2根平行或分权的树枝上。在经过约19天左右的孵化后（这对于小型鸟类而言已是相当长的孵化期），雌鸟通过回吐方式将昆虫和果实的混合物喂给雏鸟。巢不会出现在雄鸟的展姿场附近。

科内最大的属娇鹟属的种类则在高处的栖木上炫耀，通常离地面3~10米，炫耀过程包括快速滑行、背对、扭摆等行为。线尾娇鹟有一个独特之处，它的尾羽末端具有丝线般的长长尾丝，炫耀时会派上用场：背对着雌鸟，雄鸟翘起它的尾，左右扭摆，尾丝便轻拂着雌鸟的下颚。

↗ 有些鸟类学家认为斑娇鹟属的种类，如图中见于巴西东南部的濒危种黑顶娇鹟，不属于娇鹟科。

据目前所知，盔娇鹟是唯一一种建立配偶关系的娇鹟。这种鸟的雄鸟维护领域，雌鸟在领域内营巢。雄鸟仅通过维护领域来间接地履行亲鸟之责，而不直接营巢或育雏。这种在娇鹟科中罕见的行为无疑只是它们展姿场繁殖机制的次级衍生物。

灶鸟 最有善心的鸟儿

灶鸟是鸟类界的建筑大师,它们的房子不美观,但很实用。有的不但造房子,还不忘在入口处编个遮篷;有的种类为了防止掠食者会故意在建房子时掺和上掠食者的粪便;有的则会筑若干个巢室,以供自己已经长大,但尚未结婚的儿女来住,或者干脆免费收留无家可归者。

灶鸟的名字源于棕灶鸟独特的巢,这种鸟在巴西被称为"泥匠",可谓再恰当不过。灶鸟的科名"Furnariidae"源于拉丁语"furnarius"一词,意为"炉灶";而灶鸟的俗名中经常出现的西班牙语"hornero"(意为烤炉或面包师)也从该词发展而来。由泥浆筑起、用草和纤维加固(事实上任何植物性材料、毛发、线绳和塑料均可)的灶鸟圆形巢犹如过去面包师的烤炉。整个巢由一条狭窄的通道和一个约20厘米宽的巢室组成,巢室内衬有柔软的植物纤维(偶尔也有塑料)。然而,筑这种奇特的巢也有不利之处,在有些地方灶鸟变成了臭虫的寄主,此外还有多种苍蝇也会寄生在灶鸟的巢内,除了食其排泄物,它们还会叮咬雏鸟身上的肉。

由于巢与众不同,灶鸟便出现在一些民间传说中。有一种说法认为所有灶鸟巢的开口都面向一个方向——这一点只要找个地方查看几个灶鸟巢就马上知道不足为信了。而另有一种观点坚持巢口确实有共同的定向性,不过是针对筑巢时当地的气候状况(如盛行风向)而言——这一点相对较难证实,有待进一步研究。

而在灶鸟很常见的巴西,有乡间传说认为在孵卵期雄灶鸟为了确保雌鸟的忠诚会将它关闭在巢内。这种说法乃是基于如下的事实,即在繁殖营巢期间,灶鸟配偶中的一方通常始终留于巢中,而另一方独自觅食。因为

↗ 淡黑抖尾地雀也被称为"草丛鸟",是分布最靠南的灶鸟之一,限于马尔维纳斯群岛。

知识档案

灶 鸟
目 雀形目
科 灶鸟科
58 属 217 种。

分布 墨西哥中部至南美南部，特立尼达岛和多巴哥岛，马尔维纳斯群岛和斐尔南德斯群岛。

赤道

栖息地 基本上包括了美洲所有类型的栖息地，从森林深处至开阔的干旱地带、从海平面到雪线应有尽有。

体型 体长 10~26 厘米，体重 9.5~90 克。

体羽 主要为暗褐色，头、翅、尾常为赤褐色，下体通常为浅色，或无斑纹或具条纹或带点斑。极少数种类的体羽模式很醒目，但颜色仍为各种褐色。

鸣声 音质不悦耳，但声音多变，通常带回音，具体包括刺耳的咔哒声、咯吱声、尖叫声、清晰的口哨声或颤音等。部分（有可能为全部）种类在鸣声方面表现出性差异。

巢 位于鸟类界巢最多样化之列，从泥室到大型的树枝结构不一而足，洞穴巢也很常见，巢材从柔软的纤维到树枝均有。

卵 窝卵数 2~5 枚；一般为白色，也可能为暗白或蓝色。孵化期 15~22 天。

食物 以昆虫和其他无脊椎动物为主，但也会食小型脊椎动物如小型的蜥蜴（包括安乐蜥属和蛇鳞蜥属的种类）。

平常配偶一般都是成对觅食，所以很容易得出这样的结论：其中一方被囚禁在了巢内。然而，通过对做以标记的鸟进行观察，清楚地发现实际上是配偶轮流留于巢中。

● 多样却单调

灶鸟是种类最丰富、最多样化的鸟科之一，而另一方面又与鹩雀科一起并称外形最单调的南美鸟类。它们在地理分布上比较特殊，即种类更多地集中在南回归线以南地区。如巴西的里约格朗德州（与乌拉圭接壤）境内的灶鸟种类就比面积虽更大但更接近热带的米纳斯吉拉斯州多。灶鸟生活于多种栖息地，其中的一些"生态位"在欧洲、亚洲和北美相应地由山雀、云雀、穗鹛、河乌或鸫所占据。

根据生态特征和行为习性，灶鸟科可分成3个亚科：灶鸟亚科、拾叶雀亚科和针尾雀亚科。灶鸟亚科中包括掘穴雀类，为地栖性鸟，通常居于开阔的干旱陆地，善奔走而很少飞行，外形与单调的穗鹛相似；也包括习性近似的爬地雀类，只是这些鸟着色更暗淡，尾相对更长，喙也更长更弯，与掘穴雀类不同的是，爬地雀类较多地出现在水域附近；此外还有抖尾地雀类，这些酷似河乌的鸟更多生活在有水的环境中，少数种类甚至为部分海洋性鸟，如逐浪抖尾地雀就很少离开水域，它们平时就在水边觅食。所

↗ 在巴西，一只棕灶鸟从安全、结实的巢中注意着外面的世界。灶鸟的名字便源于这些与众不同的巢——颇似过去面包师的烤炉。

有灶鸟亚科的种类均营巢于岩石间或地洞中，也可能自掘洞穴或利用其他鸟及啮齿动物的洞穴。巢穴的深度可达1.2米。

拾叶雀亚科中的典型灶鸟种类居于草原类型的栖息地中，常见于开阔的山谷和涝原。由于森林退化，许多种类如今正在扩大它们的地理分布。最为人们熟悉的棕灶鸟，就已经很好地融入了人类环境中，在南美南部许多地区的乡间和城市中都可以经常看到它们的身影。随着森林不断遭到砍伐（用以发展农业、建造公园和铺设草坪），这种鸟的分布范围正在向其他地带拓展。

针尾雀亚科包括针尾雀类、卡纳灶鸟类和棘雀类。大部分为小型鸟类，尾较长，有层次感，常成叉状，且种类之间表现出极大的差异性。阿根廷线尾雀的尾部仅有6枚主尾羽，其中较短的那对外侧尾羽隐于尾覆羽中，中间和里面的2对尾羽很长，但几乎退化成光秃秃的羽干。该亚科的成员主要栖于茂密植被中，见于森林边缘带、芦苇荡、灌丛、草地或红树林湿地，少数种类居于荒凉地带，也有一些生活在森林中。

● 筑巢专家

灶鸟科作为一个整体以它们不同

寻常的巢而闻名，但在科内，则是针尾雀将筑巢行为发展到了极致。拟鹩针尾雀在生长中的芦苇上面编织一个涂以黏土的草球，入口靠近顶部，由一个编织的遮篷（有时甚至由一扇可转动的编织活门）遮掩；在顶部通常为一个凹陷的泥土平台，作为"歌唱的舞台"。其他由草或别的巢材筑起的球形巢也见于地面或地面附近。

红脸针尾雀的巢同样为球状，不过悬于下垂细树枝的末端。有些种类将巢筑于树枝上，入口在下方，巢内衬以羽毛。有些种类的巢直径有30厘米，入口在侧面，进去后先是一个小洞，然后经过一段迂回曲折的过道，最后在靠近巢顶的地方才是一个大的巢室。此外，还有各种形式的荆棘巢，也有通道至巢室。针尾雀属的针尾雀在筑巢时会添以猫头鹰的回吐物或食肉动物风干的排泄物（包括猫、狗的）。通过对掠食者袭巢现象及袭巢对营巢行为的影响进行研究后发现，用动物的排泄物或骨骼来筑巢可以有效地避免被掠食者袭击。

高山卡纳灶鸟类用荆棘枝筑大型的露天吊篮巢，为垂直的柱形结构。若没有荆棘枝，则会筑于仙人掌上。棕额棘雀用荆棘枝筑的大型结构巢看上去很零乱，刚开始分为2个巢室，在随后的繁殖期内，会不断添加新的巢室，以致乍一看感觉像是多对配偶的

↗ 在阿根廷的潘帕斯草原，一只栗顶针尾雀藏身于长草丛中。这种自成一属的鸟被认为与针尾雀属的针尾雀有密切的亲缘关系，栖息于南美中部的低地沼泽和多灌木的草原中。

灶鸟的代表种类
1. 棕灶鸟，背景图为这种鸟呈炉灶形的巢；
2. 鳞喉爬地雀。

群巢。整个巢可长达数米，但仅仅是巢室的叠加，似乎不曾有过一对以上的棕额棘雀繁殖配偶同时住在这样一个巢里。多余的巢室可能留给亲鸟之前抚育的那些尚未繁殖的后代做栖身之地，或者也可能成为其他灶鸟种类甚至其他鸟类的巢。

集木雀的巢也为大型的荆棘巢，在筑巢过程中通常会加入各种残骸碎片，如骨骼、金属、彩色的破布等，这样做可能是为了避免遭到袭巢。此外还在呈拱形的通道里衬有树皮、蛇皮、螺壳、蟹壳等碎片。在巴西南部，集木雀将巢筑于狭叶南洋杉上，这种树的叶子非常尖而硬，可用来抵御掠食者。由于人们对这种鸟知之甚少，各种关于避免袭巢的假设都还有待进一步的科学验证。

拾叶雀亚科的种类多数栖于树上，筑的巢相对较为简单（巨灶鸫类是其中仅有的几种筑大型荆棘巢的鸟，白喉巨灶鸫的巢直径可达1.5米）。也有许多种类营巢于岸边，巢的通道可有1.8米深，并且相当蜿蜒曲折。巢室可能为精致的编织结构，也可能由树叶、植物纤维或细根铺垫而成。也有不少种类使用岩缝、树缝或岩洞、树洞，在里面筑一个简单的巢。

标准的灶鸟巢几乎都是封闭式的，但也有例外。栗顶针尾雀便经常在距离水面数厘米的芦苇上用草筑一个扁平的敞开巢，然后衬以羽毛。然而，这种巢最后也有可能被封闭起来，因为偶尔巢缘会筑得很厚，在巢顶只留出一个小孔。一些高山卡纳灶鸟类将卵产于隐蔽的地面浅坑中，有时会在坑内衬以少量猫头鹰回吐物中的骨头和毛皮。珍稀种类锈背针尾雀会在涨潮时缠于枝头的某团漂流植被上筑一个简单巢，或者使用其他灶鸟的弃巢。美洲针尾雀类也会利用弃巢，但除此之外它们还使用其他多种巢址，包括仙人掌中的洞穴。灶鸟科的窝孵数种类之间相差很大，可能介于2~5枚之间，而4枚较为常见。如果确实是这样（目前尚无相关数据），那么灶鸟就不像其他许多赤道附近的热带雀形目鸟那样拥有很少的窝卵数。

通过与另一个热带鸟科蚁鹩科的比较，发现灶鸟科种类遭到巢袭的概率（可能）较低，而窝卵数更多、巢相对更复杂。这一事实再次表明，灶鸟的独特筑巢行为有利于降低巢被袭击的可能性。

● **面临危险的少数派**

灶鸟科中有数个种类的保护问题形势严峻。其中最珍稀的或许便是诺氏拾叶雀，这种鸟首次发现于1983年，据目前所知仅生活在巴西阿拉戈阿斯州的一小片残留森林中。另有26个种类也面临着较大的生存威胁，像其他许多鸟类一样，栖息地丧失是主要问题所在。

↗ 在委内瑞拉的拉诺斯草原，黄颊针尾雀是一种不起眼的小型灶鸟，但其持续时间很长的鸣啭却很有名。这种鸟喜居潮湿地带。

蚁鸟 借用外力，达成心愿

> 透视蚁鸟的生存之道，可知这种鸟儿很适合从政，或者从商。因为它们"借他人之力，谋自己口腹"的生存智慧，是一般鸟儿所不具备的。

蚁鸟的名字源于其中一些种类有跟随蚂蚁群的习性。尽管它们并不食蚂蚁本身（蚁酸对它们这般体型的鸟来说具有毒性），但却大量捕捉被蚁群从隐秘处惊起的猎物。蚁鸟分为2个有明显区别的科：蚁䴓科，为典型的蚁鸟，有45属204种；蚁鸫科，为地蚁鸟，有7属62种。"地蚁鸟"一词主要指的是该科种类倾向于在地面营巢。事实上，在觅食时，2个科的大部分种类都偏爱浓密的下层丛林，它们在雨林栖息地经常出现于地面或近地面处。蚁鸫科本身又分为2大类：以"Antpitta"命名的蚁鸫类和以"Antthrush"命名的蚁鸫类。蚁䴓科则可以大致分为3类：蚁䴓类、蚁鹩类和裸脸蚁鸟类。

● 新热带森林中的地面鸟

蚁鸟长期以来被认为与食蚁鸟（食蚁鸟科）和窜鸟（窜鸟科）有密切的亲缘关系，而近来的研究表明，Pittasoma属的两种蚁鸫与食蚁鸟的亲缘关系比它们与其他蚁鸫的关系更密切。蚁鸟相对较疏远的亲缘鸟则有灶鸟（灶鸟科）和鹩雀（鹩雀科）。这6个科共同构成了雀形目的"亚鸣禽"分支，分类依据主要为鸣管肌肉的数量和结构解剖原理。当代有些分类系统将亚鸣禽分为灶鸟小目和蚁䴓小目，前者包括灶鸟科、鹩雀科、蚁鸫科、食蚁鸟科和窜鸟科，而后者仅含蚁䴓科一科。

在蚁鸫科的地蚁鸟中，以"Antpitta"命名的蚁鸫类为长腿型鸟，尾极短，看起来像八色鸫（八色鸫科），善于在森林的下层丛林中跑

↗ 在哥斯达黎加的一片雨林中，一只蓝灰蚁鹩雌鸟在看护它的巢

和其他大多数典型的蚁鸟种类一样，蓝灰蚁鹩的巢也呈碗状，筑于树杈上。

知识档案

蚁鸟
目 雀形目
科 蚁䴕科和蚁鸫科
2科52属266种。

分布 墨西哥南部至南美南部，其中蚁䴕科种类集中在亚马孙河流域，蚁鸫科种类主要分布在安第斯山脉。

栖息地 森林中茂密的下层丛林，有时栖于树线以上和森林树阴层。

体型 体长 7.5～35 厘米（典型蚁鸟），10～24 厘米（地蚁鸟）；体重 7～275 克（典型蚁鸟），20～235 克（地蚁鸟）。

体羽 典型蚁鸟：雄鸟为灰色至黑色，有不同数量的白色点斑或横斑，偶尔体羽为赤褐色。雌鸟羽色相对更暗淡或呈深褐色；两性均隐藏有白色的翅斑。地蚁鸟：暗褐色、黑色或深红色，但体羽模式醒目。

鸣声 典型蚁鸟的警告鸣声和联络鸣声为尖锐的颤鸣，地蚁鸟的鸣声简单但响亮，可传至很远。

巢 典型蚁鸟：敞开的杯形巢，筑于树杈。地蚁鸟：筑于地面或近地面处、水平面上或天然洞穴里。

卵 窝卵数一般为2枚；在典型蚁鸟中为白色带深色斑点，在地蚁鸟中通常为蓝色。孵化期约为14天，雏鸟留巢期7～14天。

食物 以昆虫为主，以某些小型果实和脊椎动物为辅。

动或跳跃，但从不走路。几乎所有种类的腿部都为淡蓝色至蓝灰色，仅沃氏蚁鸫为粉红色。这一类鸟一般不跟随蚁群。以"Antthrush"命名的蚁鸫类也为长腿鸟，但尾相对较长并且翘起，头也常翘起。和以"Antpitta"命名的蚁鸫类不同的是，这类鸟习惯于在下层丛林中走动，而不是奔跑或跳跃。

在蚁䴕科中，蚁䴕类为较大的鸟类，喙明显具钩，外形似伯劳鸟（伯劳科）。这类鸟一般见于下层丛林至中低树阴层之间，偶尔会加入混合种类群体。蚁鹪类为较小鸟类，通常生活在中上树阴层，喙相对较细，善于从叶簇中啄取昆虫。

蚁䴕科的第3大类为裸脸蚁鸟类。这一类鸟被视为"职业蚂蚁跟踪者"，它们生活中的大部分时间都在与成群的蚂蚁打交道。正如它们这种生活习性所决定的，裸脸蚁鸟类很少出现在离森林地面层数米以上的地方。大部分种类眼眶周围不覆羽，眼皮着色鲜艳，从而和蚁群一起觅食时不会导致蚂蚁爬到它们的脸上来。蚁䴕科种类的体型大小范围从长7.5厘米、重7克（短嘴蚁鹪）至长35厘米、重275克（巨蚁䴕）。

蚁䴕科的种类在体羽模式上呈现性二态。雄鸟一般着灰色至黑色，带有数量不等的白色点斑或条纹，偶尔也有赤褐色的斑纹，如棕顶蚁䴕。雌鸟通常着色较暗淡或呈更深的褐色。但在有些种类中，雌鸟的体羽反而是辨别种类的依据。所有蚁䴗科种类都有一块隐藏起来的白色翅斑，这可以用来区分蚁䴗科和蚁鸫科，因后者没有这一体羽特征。白色翅斑用在雄鸟的求偶炫耀和两性的领域维护行为中。蚁鸫科种类不显性二态，雌雄鸟的羽色均为相对暗淡的棕色、黑色和深红色，但体羽模式相当吸引人。

大部分典型的蚁鸟种类鸣声不悦耳，尤其是报警鸣声和联络鸣声为刺耳的颤音。但也有少数种类，如斑背蚁䴗，鸣声和鸣啭优美动听。地蚁鸟种类的鸣声也同样简单，不过通常很响亮、可传至很远。这类鸟因着色隐蔽、声音洪亮，故往往是"只闻其

◢ 蚁鸟的代表种类
1.横斑蚁䴗；2.白胁蚁鹩；3.棕顶蚁鸫；4.白羽蚁鸟。

声，不见其人"。

● **混合鸟群的核心**

典型的蚁鸟种类乃是新热带地区混合觅食群体中的核心力量。尽管许多观鸟者在欧洲或北美也经常可以看到混合的鸟群穿过林地（在欧洲，主要成员可能为山雀、戴菊、鸫、旋木雀和雀类；在北美，主要为迁徙的莺、山雀和啄木鸟），然而在茂盛的树阴层高达60~80米的低地热带森林中，这种行为无疑达到了一种高潮。

人们对这些鸟群的功能还尚未完全了解，各种解释可归纳为2个方面：其一，集群行为有利于提高觅食效率，因为是由许多鸟而非单只鸟寻找食物；其二，集合成群有助于降低被掠食的风险，因为群体成员可以给没有意识到天敌存在的个体提供早期预警。而这2种原因均能够提高个体的存活率。各种食虫鸟和杂食鸟混聚在一起，以大约0.3千米/小时的速度在森林中扫荡，遍及从地面至树阴层附近的各个觅食层面。路线毫无规律，经常会反复交叉，这都取决于食物的可得情况。

↗ 求偶喂食是蚁鸟建立单配制配偶关系过程中重要的一环。在眼斑蚁鸟中，还伴有大量的鸣啭。1.一只雌鸟（左）向它的伴侣发出鸣叫，后者仪式化地上下摆头；2.雄鸟觅来食物后衔在嘴中，同时发出轻微的鸣啭；3.接下来它把食物喂给雌鸟；4.雌鸟采取低位接受食物；5.喂食完毕后，雌鸟轻啄雄鸟的喙，后者又做摆头状。

通常会有一只鸟或一种鸟来维持整个群体的凝聚力和推动力。在中美洲，这一角色常常由一只森莺如三纹王森莺来扮演，但在南美，则更多地落在了蚁鸟身上（如蓝蚁鸲）。当核心鸟穿过不同类型的森林栖息地时，会频频发出鸣叫，其他鸟就会被吸引到群体中来，但不会跟随队伍离开它们自己的巢域。因此，对于具有高度领域性的种类而言，也许只有一对（可能连同它们长齐飞羽的幼鸟）会始终留在群体中。

极少数情况下，混合鸟群会与跟随蚁群的蚁鸟群体联合起来。倘若如此，会有多达30种不同的蚁鸟出现在一个地方。而随后可能会有比这个数目更多的唐纳雀、莺、啄木鸟、灶鸟和鹩雀等不同种类一起加入进来。

当群体出了领域后，成鸟不会一直跟随。某些蚁鸟种类在发现介入自己领域的混合群体中有同类时会更倾向于加入其中，因为这样做可以保护自己的领域。而倘若混合群体经过它们的巢域时恰逢它们觅食和活动的高峰期如清晨或傍晚，那么参与率也会比较高。正午时分或恶劣天气下，蚁鸟一般很少出现在混合鸟群中。

● **巢形：科的标志**

典型的蚁鸟种类一般在树杈上筑

↗ 大蚁鸲通常成对生活在茂密的森林中。雄鸟（如图中）背羽为黑色，翅上有2条横斑；雌鸟上体为黄褐色。两性均有冠以及独特的红色虹膜。

一敞开的碗状巢,极少数情况下营巢于树洞或地面。这种巢结构和筑巢位置似乎可以用来区分蚁鸟的2个科,因为蚁鸫科的地蚁鸟据悉不会在树杈上筑敞开的碗巢。它们的巢相当零乱,无明显的结构,巢材为树叶和苔藓,筑于地面或近地面处,也见于某些水平面上,偶尔营于天然的洞穴中,如中空的原木。神秘莫测的斑翅蚁鸟在过去很长时间里都被视为是一种地蚁鸟,现在发现它们的巢乃是筑于树杈上的敞开的碗状结构,凭借这一具有决定性的证据,这种鸟在分类学上被归入蚁鹛科。

典型蚁鸟通常一窝产2卵,卵为白色,带深色斑,而地蚁鸟的卵一般为蓝色。实地研究表明,蚁鸟的孵化期为14天左右,雏鸟为晚成性,由双亲共同抚育,1~2周后会飞,之后通常仍会继续留在亲鸟身边一段时间。雄性幼鸟在建立自己的繁殖领域前甚至会带一只雌鸟到它亲鸟的领域内。

● 缩减的森林栖息地

典型的蚁鸟和地蚁鸟均为森林鸟类,普遍需要大片不受破坏的栖息地来维持可持续的数量规模。对于2个科而言,数量下降的主要原因都是因森林砍伐而导致的栖息地破坏和缩减。不幸的是,如今生存受到威胁的蚁鸟种类正在迅速增多。

↗ 波纹蚁鸫是一种较大型的蚁鸫,栖息于委内瑞拉西部至玻利维亚的安第斯山麓,在潮湿的森林地面层觅食。

这些受胁种类可分为2大类:一类为栖息地特化种,对栖息地的小环境有特殊要求;另一类的分布范围恰巧为森林退化现象严重的地区。第一类的典型种类有雷斯蚁鹛,仅分布于巴西里约热内卢州一片很有限的沙丘地带,完全依赖于在当地被称为"restinga"的一种以凤梨科植物和仙人掌居多的沙滩灌丛栖息地。眼下,度假区开发使这一片地区面临威胁,这种鸟目前被列为濒危种。在受到森林退化威胁的种类中,镶背红眼蚁鸟现在为极危种,原因是它所栖息的巴西巴伊亚州的一小片次生林正在迅速消失。

鸦 这样的智商要逆天

"一只乌鸦口渴了,到处找水喝……"还记得这只乌鸦是怎样喝到水的吗?乌鸦是鸟类界少数会使用工具的智慧生物,它们会将树枝处理成钩后探入树洞寻找昆虫的蛹。更有一种生活在日本的小嘴乌鸦,竟然聪明到借用红绿灯时的车流来碾碎胡桃。

鸦科的成员对大多数当地人来说都相当熟悉,因为这些鸟通常又大又嘈杂,很引人注意。有些种类,如家鸦,特化为与人类共存,已经在大城小镇生活了数个世纪。也有些种类,包括短嘴鸦和澳洲鸦,近年来才进入城市,但如今在那里已有大批定居者。冠蓝鸦是北美地区经常光顾人工喂鸟装置的鸟之一,得益于人类的友好,这种鸟的分布范围正在向西扩展。鸦的体型、着色、智慧及食腐习性使它们频频出现在民间传说中。在欧洲,乌鸦和渡鸦常常被认为是不祥的征兆,很可能是由于它们在战场上的食腐行为所造成的。而渡鸦在北美土著民族的传统中则具有积极的象征意义,它们被视为缔造者和民间英雄的化身。

时至今日,人们对鸦的态度仍有明显的分歧。许多人认为它们是有害的掠食者,需要加以控制;而其他人则钦佩它们拥有像人一样的智慧和群居性。

● 体大、强健、聪慧

鸦科中有体型最大的雀形目种类渡鸦类,此外还有多种相对较小的鹊类、蓝鸦类等。有些被认为是鸟类界最具智慧的种类。许多种类栖息于林地,事实上,亚洲和南美的大部分蓝鸦类和鹊类几乎仅限于森林。而欧洲和北美众多为人熟悉的种类则喜居开阔的栖息地,非洲和澳大利亚则没有森林种类。

鸦科中分布最广、最为人们熟知的无疑是鸦属的乌鸦类和渡鸦类。这些鸟体型大,尾短或中等长度,体羽为全黑、黑白相间、黑色和灰色,或浑身乌褐色。该属在欧洲的代表种类有渡鸦、小嘴乌鸦、羽冠乌鸦、秃鼻乌鸦和寒鸦;在南亚有家鸦和大嘴乌鸦等种类;在非洲包括非洲白颈鸦和非洲渡鸦。在北美和澳大利亚有多种一身黑的乌鸦,在结构和外形上都

鸦的代表种类

1.秃鼻乌鸦这一欧亚种类以其繁殖群庞大而著称；2.渡鸦，鸦科中体型最大的成员，由于遭枪击和中毒，如今这种鸟在人口稠密的地区已不常见；3.松鸦见于从英国至日本的温带林地中；4.一只冠蓝鸦衔着一枚橡果，这是它最喜爱的食物；5.一只喜鹊衔着一枚浆果。

很相似，只是鸣声不同。因此，北美的短嘴鸦、鱼鸦、西纳劳乌鸦和墨西哥乌鸦更容易通过声音而非外形来区分，澳大利亚的澳洲鸦、小嘴鸦、澳洲渡鸦等种类则几乎只能靠鸣声来辨别。在向偏远岛屿扩张方面，该属也比科内其他各属更为成功，在西印度群岛、印度尼西亚、西南太平洋和夏威夷都有局部分布。

红嘴山鸦和黄嘴山鸦2种山鸦拥有

↗ 在印度尼西亚的巴厘岛上，一只塔尾树鹊在炫耀它那刮铲形的长尾，这样的尾使它成为鸦科中最具特色的种类之一。这种鸟栖息于东南亚许多地方的森林边缘地带。

表明，山鸦与科内其他种类都不同。它们主要为山鸟，分布范围可达喜马拉雅山近9 000米的峰顶，同时在某些地方也见于海边岩崖附近。

2种星鸦分别生活在欧亚大陆和北美。其中，欧亚大陆的星鸦主要呈栗色，有白色条纹，而北美星鸦以灰色为主。2个种类都主食种子或坚果，冬季则依靠贮藏的食物储备过冬。

许多长尾的鸦都被称为"鹊"，虽然它们之间似乎并没有密切的亲缘关系。这些鸟中既有呈斑驳色的欧洲、亚洲和北美的鹊类，也有不少着色鲜艳的南亚种类如蓝绿鹊以及中国的台湾蓝鹊。这些鹊类都具有短而强健的喙、变异的长尾，亚洲的鹊类尾上有黑白斑。亚洲的鹊和鸦之分主要依据尾的长度，但这些种类之间真正的关系仍有待进一步研究。东南亚的树鹊类上喙相对较短却明显弯曲，长尾的中央尾羽末端呈圆形，在有的种类中微向外展，有的则张得极开。塔尾树鹊变异的尾羽末端均外张，形成与众不同的刮铲形。

美洲的蓝鸦类（不包括灰噪鸦，它是旧大陆种类）有别于科内的其他种类。其中许多种类体型相当小，有些甚至和鸫一般大小。但褐鸦较大，与小型的乌鸦差不多。2种鹊鸦的尾极长且华丽，很像亚洲的鹊类。大部分种类体羽为蓝色，少数为褐色或蓝灰色。

和鸦属种类相似的全黑式光滑体羽，只是喙较细长，下弯，呈红色或黄色。过去它们被认为与鸦属种类具有密切的亲缘关系，但近来的基因研究在科内的异化种类中，中亚地鸦类的不同寻常之处在于它们基本生活在地面。它们栖息于干旱的半沙漠地带和草原地带，遇有危险时通常跑离而非飞走（体型小许多的褐背拟地鸦曾被认为与地鸦类有亲缘关系，如今被归入山雀科）。

然而，除了地鸦类和其他极少数特例外，鸦科整体而言相当统一。体型大，身体结实，腿、喙强健；外鼻孔由须状羽毛覆盖，这一点使绝大部分鸦有别于其他鸣禽（某些椋鸟、卷尾鸟和极乐鸟也有类似特征）。鼻须一般相当明显，而塔尾树鹊的鼻须特别密、短，似一团天鹅绒。只有蓝头鸦终生都没有鼻须。秃鼻乌鸦和灰乌鸦在雏鸟时鼻孔覆须，但随着发育长大，鼻须逐渐消失，最后脸部只剩裸露皮肤。

鸦的适应能力和聪明才智在它们的觅食行为中体现得最为突出。大多数种类既食动物性食物也食植物性食物，尤其是大的昆虫和小坚果。许多种类能迅速适应对新的人工食物源的利用。鸦普遍具有强健、通化的喙，对付食物游刃有余。多数种类在撕裂食物时还会使用脚来抓持。许多只用下颌骨来啄食持在脚上的食物，而蓝鸦类则在下颌骨上长有一个特别的骨质突，使这一行为变得更为高效。不

知识档案

鸦
目 雀形目
科 鸦科
24属118种。

分布 全球性，除北极高纬度地区、南极、南美南部、新西兰及多数海岛。

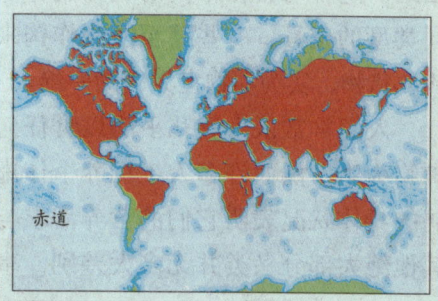

栖息地 多种栖息地，包括森林、农田、草地、沙漠、草原、苔原。

体型 体长19~70厘米（包括某些鹊类的长尾），体重40~1500克。

体羽 一般为全黑，或者黑色带白色或灰色斑纹；许多种类的翅和尾有醒目的斑；不少蓝鸦类有亮丽的蓝色、栗色、浅黄色或绿色斑纹。两性在羽色方面通常相似。

鸣声 多种刺耳的声音，也有些相对悦耳的鸣声。有些种类能够效鸣。

巢 由树枝筑成的碗状结构，位于树上，衬有柔软物质。有些筑圆顶巢或营巢于洞穴中。

卵 窝卵数一般为2~8枚；白色、浅黄色、米色、淡蓝色或浅绿色，常有深色斑。孵化期16~22天，雏鸟留巢期18~45天。

食物 丰富多样，包括果实、种子、昆虫、地面无脊椎动物、小型脊椎动物、其他鸟的卵或腐肉。许多种类（或许为大部分种类）会贮藏食物。

少种类都有过"浸泡"或"清洗"食物的记录，也许是为了去除黏性物质或软化硬质食物。贮藏食物在鸦科种类中也很普遍。新喀鸦则会制作工具来帮助获取食物，它们会对树枝和树叶进行处理后用来探入树洞中寻找昆虫蛹。这种鸟会在不同的地方制作不同类型的工具，有些甚至能制作钩来钩取猎物，实为动物世界中的一绝。

人们常常认为鸦几乎能以食任何食物为生，然而许多人工饲养个体虚弱的身体状况表明它们的营养需求与其他绝大部分鸟类并无多大差别。事实上，杂食性并不代表就能始终获得食物，许多种类的鸦在雏鸟全部孵化后无法找到足够的食物来喂雏。

鸦的长寿也可能被粗心的观鸟者们高估了。由于鸦往往会在适宜的领域内一代一代地生生不息，所以会有古老的民间说法认为"乌鸦的寿命是人的3倍，而渡鸦的寿命是乌鸦的3倍"。实际上，人工饲养的渡鸦有记录的最长寿命是29年，而且那只渡鸦为自然老死，说明野生的渡鸦通常活不到那么久。对几种乌鸦个体做以标记进行跟踪研究发现，有1/3~1/2的雏鸟在出生第一年内死亡，并很少有成鸟能活10年以上。不过，这样的存活率在鸟类中也已经是相当高的了。因此，一些大型的鸦以雀形目鸟的标准来衡量的话似乎确实属长寿之列。

数项对做以标记的鸟的研究表明，多数种类的鸦至少出生2年后才开始繁殖，有些短嘴鸦个体直至六七岁才繁殖。不过，小嘴乌鸦和喜鹊在出生后次年便会成对维护领域。这种性成熟的延后现象可以反映出繁殖机会的不足或是为了让雏鸟在开始繁殖前积累更多的经验。

● 协作繁殖

鸦科多数种类会维护它们各自营巢繁殖的领域。如渡鸦、松鸦和西丛鸦的配偶双方都会向进入领域的入

↗ 蓝绿鹊是几个长尾、色泽艳丽的亚洲种类之一。这几种绿鹊很可能与蓝鸦类（而非更为人们熟悉的美国和欧洲的鹊类）的亲缘关系更密切。

侵者发出威胁。少数种类实行群体营巢，比较突出的有寒鸦，松散的群体营巢于洞穴中；秃鼻乌鸦较为密集的群体在树顶营巢。营群巢的种类终年群居，而许多维护繁殖领域的种类在非繁殖期会成群，其中一些会形成大的栖息群体。其他种类，如佛罗里达丛鸦，则长年坚守自己的领域。短嘴鸦虽然也长年维护领域，但在一年的某些时期内会组成大的觅食群和栖息群，它们在白天维护领域，夜间则加入到领域外的栖息群中。对数个种类的个体做标记后进行跟踪研究发现，这些鸦会年复一年地长期占据同一领域，而配偶关系常常维系终生。有些佛罗里达丛鸦个体一生都不离开它们亲鸟的领域，并且就在它们出生的地点进行繁殖。

有数个种类的繁殖期与食物供应的高峰期吻合，以利于雏鸟的发育。如秃鼻乌鸦在英格兰为3月产卵，正好赶上4月蚯蚓的繁盛期；松鸦在4月末至5月产卵，随后迎来5月底、6月初树上食叶毛虫的高峰期。

许多种类实行协作繁殖，有2只以上的鸟照看一窝雏并帮助喂食。最常见的是协助方为繁殖配偶的后代，在巢域内已生活1年或1年以上。这种情况在松鸦中尤为普遍。而在乌鸦类中，已知的仅见于短嘴鸦和小嘴乌鸦的某些种群。短嘴鸦的"大家庭"可包括15个成员，均为一对配偶的后代，它们留在巢域内生活可长达6年或更长时间。在灰胸丛鸦中，会出现数对配偶同时在一个群体领域内营巢的现象，那些领域内的其他个体会给几个巢的雏鸟喂食，而那些繁殖配偶在自己的雏鸟离巢后也会给其他巢的雏鸟喂食。DNA检测研究发现，一个巢中的雏鸟事实上会是数对配偶的后代。相比之下，在与灰胸丛鸦有密切亲缘关系的佛罗里达丛鸦中，协作繁殖模式则要简单得多，一个巢内的所有雏鸟全部是一对繁殖配偶的后代。

在绝大部分种类中，雌鸟独自孵卵（在2种星鸦中为双亲孵卵）。在巢中孵卵的雌鸟通常由雄鸟和协助者喂食。由于孵卵一般始于最后一枚卵产下前，因此一窝雏会在数天里陆续孵化，致使各雏鸟大小不一。当食物匮乏时，最小的雏鸟往往死亡。在有些乌鸦种类中，最小的雏鸟会在出生后即被抛弃，以减少雏鸟对有限的食物供应的竞争。双亲喂给雏鸟的食物常常贮藏于喉部带回巢。绝大多数种类（倘若不是全部的话）的雏鸟在会飞离巢后仍由双亲喂养数周，并且至少在部分种类中，它们完全独立后会继续在亲鸟的领域内逗留数月；而在协作繁殖种类中，它们则会留下来生活若干年，或者在离开数周至数月后重新返回。

黄鹂 用假象迷惑敌人

从一句古诗"两个黄鹂鸣翠柳"中，我们已经知道黄鹂是一种效鸣鸟，然而，你可能不知道，黄鹂的效鸣，是有特殊用途的——迷惑对手。在印度尼西亚，有一种黄鹂在体羽和生活习性上与它们的对手吮蜜鸟相近，为了避免坏脾气的吮蜜鸟的攻击，它们常常模仿对手的鸣声，让吮蜜鸟摸不着头脑。

黄鹂是一种鲜艳亮丽的鸟，雄鸟身上覆有大片夺目的黄色、红色或黑色。黄鹂的英文名"oriole"被认为是源于拉丁语"aureolus"一词，意为"金色"。然而，尽管色彩绚丽，却很少见到它们的身影，原因是黄鹂往往栖于森林或林地的树阴层。不过，悠扬清脆的歌声和鸣叫常使观鸟者们在瞥见一抹金色或红色之前便已意识到它们的存在。黄鹂的大洋洲亲缘种裸眼鹂着色具隐蔽性，为绿色和灰色，但成群的习性使它们更容易被发现。黄鹂与新大陆的拟鹂并没有密切的亲缘关系，后者属于一个完全不同的科：拟鹂科。

● 树阴层之鸟

所有黄鹂在形状和体型上都颇为相似。印度尼西亚和新几内亚的岛屿上种类最多样化，体羽颜色也最为丰富。非洲的黄鹂，羽色几乎均为黄色和黑色（只有一个种类为黄色和橄榄绿色）。相比之下，澳洲黄鹂的羽色从黑鹂的全黑（尾下覆羽为栗色）、朱鹂的朱红色和黑色到裸眼鹂的暗黄绿色，显得丰富多彩。多数种类为定栖性鸟，有些种类为寻觅果实会进行大范围活动，少数为真正的候鸟。金黄鹂冬季从欧洲迁徙至非洲的非繁殖地，另有中亚的种类在印度越冬。

所有种类都见于森林或林地，并限于在树上觅食，只有金黄鹂和东非黑头黄鹂在地面觅食掉落的果实或在草丛觅食昆虫。黄鹂是少数食大量毛虫的鸟之一，它们在树枝上将大的昆虫摔死，将毛虫剥皮，然后吃掉。

↗ 裸眼鹂广泛分布于大洋洲。

知识档案

黄鹂

目 雀形目
科 黄鹂科

2属28种。种类包括：东非黑头黄鹂、非洲黄鹂、黑鹂、金黄鹂、绿头黄鹂、淡色鹂、朱鹂、白腹黄鹂、鹊鹂、绿裸眼鹂、白腹裸眼鹂等。

分布 非洲、亚洲、菲律宾、马来西亚、新几内亚和澳大利亚，欧洲有1个种类，大部分种类集中于全科分布范围的东半部。

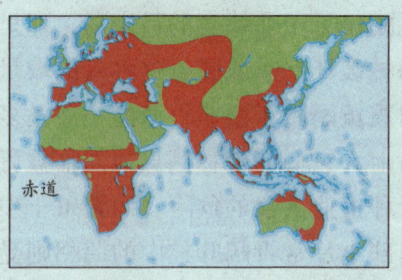

栖息地 林地和森林。

体型 体长20~30厘米，体重50~135克。

体羽 以黄色为主，或为黄色和黑色，偶尔为朱红色和黑色。雌鸟除少数特例外一般着色不如雄鸟醒目，不少种类的雌鸟体羽带条纹。裸眼鹂为相对暗淡的橄榄绿、灰色和黄色，雄鸟眼周围为红色的裸露皮肤。

鸣声 黄鹂具有清脆、婉转的鸣啭，也有低沉的鸣声或哀鸣声。有些黄鹂能够效鸣。裸眼鹂会发出奇特的啁啾声。

巢 敞开的杯形巢，筑于树的高处。

卵 黄鹂的窝卵数为2~4枚，裸眼鹂通常为3枚；苹果状；暗橄榄绿色，带有红色、紫红色、紫褐色和褐色斑纹。

食物 果实和昆虫，包括大的毛虫。

绝大部分黄鹂为独居，或成对、成家庭单元生活。在非洲，非洲黄鹂、东非黑头黄鹂和绿头黄鹂偶尔会加入混合种类的觅食群体，和其他鸟一起徐徐穿过森林或林地。当单独觅食时，黄鹂经常在果树之间或其他食物源之间做1~2千米的长距离飞行。而食果习性也使黄鹂会与人类产生矛盾，因为它们会进入果园觅食樱桃、无花果或枇杷。

裸眼鹂比黄鹂着色暗淡，体更沉，行动也相对较笨拙。与黄鹂微弯的喙不同，裸眼鹂的喙短而结实，末端具钩。它们的群居性比黄鹂突出，经常结成嘈杂的小群，多时可达30只。它们在森林中不同的树上到处觅食繁盛的果实。裸眼鹂会给桑葚和无花果等果实经济作物带来损失，与人类利益发生冲突。

在印度尼西亚的一些岛屿上，当地的黄鹂和吮蜜鸟在体羽方面惊人地相似，简直难以区分。同时，它们在生态习性上也相近，在同一棵树上觅食果实时，体型相对较小的黄鹂通过效鸣（模仿对方的鸣声）来避免遭到体型较大的吮蜜鸟的攻击。

● **有待进一步揭秘**

许多黄鹂由于生活在森林树阴层上层，行踪隐秘，因而人们对它们的繁殖习性知之甚少。事实上，有几个种类的巢和卵至今都还未被发现过。研究最详细的种类之一为欧洲的金黄鹂，这种鸟占有大片的领域，基本上为单配制，但会有多达4只雄性协助者帮助营巢。

黄鹂的巢为杯形巢，很深，由草和须地衣等质地优良的巢材精心编织而成，悬于树枝下面，末端有几分像吊床。衬材为更柔软细密的材料。特别是那些用须地衣筑成的巢，常常有巢材垂下来，使巢变得隐蔽。在非洲的黄鹂种类中，巢更多地位于树的内层，很少筑于树阴层的外缘。在北方种类中，雌雄鸟共同筑巢并分担孵卵和育雏之责。而在所研究的少数热带种类中，孵卵基本由雌鸟完成，雄鸟负责提供食物。

裸眼鹂的巢比黄鹂的巢浅而薄，筑于树阴层长树枝末端的树杈处。巢材为细枝和草，不像黄鹂那样精心编织成巢。

● 面临威胁

有3种黄鹂被认为全球性受胁。淡色鹂仅见于菲律宾的吕宋岛，那里的森林破坏严重威胁着这种鸟的数量。白腹黄鹂限于西非外海的小岛圣多美岛上，它们的森林栖息地面临被可可豆种植业蚕食的危险。而繁殖于中国南部小片常青阔叶林中的鹊鹂则受到来自木材砍伐的压力。

↗ 一只觅食后的东非黑头黄鹂栖于芦荟枝头，身上沾满了花粉。这种鸟展现出夺目的黄色体羽，这是许多黄鹂种类中雄鸟的一大特征。黄鹂科为森林鸟类，生活、觅食、繁殖均在高处的树阴层。

园丁鸟 创意大师

> 园丁鸟绝对是鸟类艺术界最有创意头脑和动手能力的"大师"。为了爱情,它们设计、建造出独具特色的"亭子"。完工后,还不忘再用彩色的饰品给装潢一下。只是令人不解的是,雌鸟在观看了恋人的手艺后,满意地点点头,跟小伙子成婚了,但她会另外选择地方,自己重新筑个简单的巢,孵卵。

园丁鸟身材结实,脚爪强健,喙粗厚,体型介于椋鸟和小型鸦之间。科内园丁鸟属的3个种类为单配制,具领域性,其余17种据悉或据推测为一雄多雌制。一雄多雌种类的雄鸟负责搭建"求偶亭",这一充满智慧和美感的行为使它们长期以来为世人所津津乐道。事实上,近来证实园丁鸟确实比分布在同一动物地理区、生态环境相似、同等体型的其他鸣禽拥有相对更大的脑,并且筑求偶亭的园丁鸟种类的脑比不筑亭种类的脑大。

园丁鸟的求偶亭结构非常复杂,装饰很有"品位",以至于早期的欧洲移民者根本不相信这是鸟筑的。新几内亚人对园丁鸟的勤勉和"艺术才华"非常欣赏,将它们的行为比做男子娶妻的贵重"彩礼"。

● 建筑大师

最大的园丁鸟为大亭鸟,最小的是金亭鸟,后者比前者轻、小30%~40%。在同一种类中,雄鸟通常比雌鸟重而大,但金亭鸟和辉亭鸟属的种类例外。

全科有多达50~60种不同的体羽模式,因为20个种类中绝大部分既有幼鸟体羽模式又有雄性成鸟模式与雌性成鸟模式,有些种类甚至还有雄性亚成鸟模式。单配制的园丁鸟属种类为性单态,而一雄多雌制的种类基本为不同程度的性二态。园丁鸟属种类两性相似,通体绿色,在胸、翅、尾、头、喉部位带斑点。一雄多雌的齿嘴园丁鸟两性也相似,为上体黄褐色、下体灰白色且有大量褐色条纹。其他林栖性一雄多雌种类的雄鸟则色彩缤纷:有闪烁着金色、橙色和黑色光芒的,如辉亭鸟、贝氏辉亭鸟、黄头辉亭鸟和阿氏园丁鸟;有呈蓝黑色的,如有名的缎蓝园丁鸟;有呈夺目的金黄色和橄榄色的,如金亭鸟;也有全身褐色但冠为对比鲜明的橙色或黄色的,如褐园丁鸟属的大部分种类。居于草地和干旱林地的斑大亭鸟、大亭鸟、浅黄胸大亭鸟和黄胸大亭鸟则浑身为暗淡的灰色或淡褐色,小簇的项羽呈粉色。一雄多雌制种类的雌鸟体羽模式具隐蔽性,多斑纹,常为横斑或点斑,羽色暗淡,主要为褐色、橄榄色或绿色。幼鸟和未成鸟的体羽模式一般与雌性成鸟相似。

一旦能长成成鸟,那么园丁鸟的平均预期寿命会相当长,一些个体可存活20~30年。一雄多雌种类的雄鸟出生后需要7年才能长齐成鸟体羽。与一般鸣禽9~10枚次级飞羽不同的是,园丁鸟有11~14枚次级飞羽(包括第3列飞羽),而它们的泪腺(头颅的一部分,在眼眶附近)之大只有琴鸟(琴鸟科)能与之相比。

• 雨林居民

有10种园丁鸟仅生活在新几内亚,有8个种类只见于澳大利亚,还有2个种类在这2个地区均有分布。大部分园丁鸟栖息于湿林中,其中阿氏园丁鸟(这种鸟于1940年才被发现)出现在海拔4 000米以上的森林中。有几个种类的分布范围极为有限,如贝氏辉亭鸟只生活在巴布亚新几内亚的阿德尔贝特山脉,金亭鸟和齿嘴园丁鸟仅见于澳大利亚昆士兰北部热带地区阿瑟顿台地及周围900米以上的雨林中。有些种类,特别是新几内亚的辉亭鸟和澳大利亚的斑大亭鸟和大亭鸟,分布范围广泛而连续。而其他多数种类的分布区相当零碎。有15个种类栖息于热带湿林、山区雨林、雨林边缘地带、硬叶林,5个大亭鸟种类生活于河边林地、稀树林地、岩石峡谷、草地和半干旱地带。单配制的园丁鸟属的某个种类可能会与一个或多个一雄多雌制的种类同域分布。

• 以森林果实为食

绝大多数园丁鸟以食果实为主,

↗ 园丁鸟是鸟类界的能工巧匠,雄鸟筑求偶亭来吸引异性进行交配,因此求偶亭是一只雄鸟是否适合繁殖的外在体现。大亭鸟会使用多种天然和人工物品来装饰它的亭,而当有雌鸟出现时,它还会竖起冠羽来炫耀。

↗ 在昏暗的森林地面，覆以橙色和黄色鲜艳体羽的雄辉亭鸟显得格外醒目。和其他善炫耀的园丁鸟一样，这一种类搭建规模中等的"林荫道"式求偶亭。

但也会摄取花、花蜜、叶、节肢动物（主要为昆虫）和小型脊椎动物。无花果是澳大利亚园丁鸟属种类的主食。动物性食物对一雄多雌制种类的雏鸟而言非常重要，母鸟会喂以某种特定的动物（如蝉、甲虫、小蜥蜴或蝗虫）。与极乐鸟不同，园丁鸟不用脚爪来抓持或处理食物及其他东西，也不以回吐的方式给雏鸟喂食。园丁鸟属的种类会将果实储存在领域内，某些一雄多雌制种类的雄鸟则将果实储藏于求偶亭。

园丁鸟的喙基本上是通化的杂食类的喙，结实、强健，而不像极乐鸟的喙那样特化。例外的是黄头辉亭鸟的喙细长，这明显是为了适应食花蜜的习性。而齿嘴园丁鸟的喙似隼的喙，适于食叶。这种鸟在冬季会食入大量的树叶，用它们结实而"具齿"的喙来撕裂叶和茎。它们的颌骨内表面有复杂结构，可咀嚼叶子，这在鸣禽中很罕见。辉亭鸟属、蓝园丁鸟属和大亭鸟属的一些种类在冬季会聚集成群，有可能入侵果园。缎蓝园丁鸟还会成群地在地面觅食草本植物。其他一雄多雌制的大部分种类似乎为定栖性，在冬季往往独居。

● 筑亭求偶

雄园丁鸟（园丁鸟属种类除外）

知识档案

园丁鸟
目 雀形目
科 园丁鸟科
8属20种：贝氏辉亭鸟、辉亭鸟、黄头辉亭鸟、阿氏园丁鸟、桑氏园丁鸟、浅黄胸大亭鸟、大亭鸟、黄胸大亭鸟、斑大亭鸟、西大亭鸟、金亭鸟、冠园丁鸟、纹园丁鸟、褐色园丁鸟、黄额园丁鸟、缎蓝园丁鸟、齿嘴园丁鸟、绿园丁鸟、斑园丁鸟、白耳园丁鸟。

分布 新几内亚和澳大利亚。

栖息地 热带、温带和山区的雨林，河边林地和稀树林地，岩石峡谷，草地，干旱地带。

体型 体长为21~38厘米，体重70~230克。一般雄鸟大于雌鸟，但金亭鸟和三种辉亭鸟雄鸟略小。

体羽 有9个种类的体羽以褐色、灰色或绿色等保护色为主。其余种类的雄鸟为鲜艳的黄色、红色和蓝色，具黄色或橙色的冠；雌鸟为暗淡的褐色、灰色或绿色，腹部有横斑。

鸣声 善模仿其他鸟类和动物的叫声及机械声响。鸣声为刺耳的颤音和似猫叫的哀号声。

巢 大型的露天碗状或杯状结构，巢材为树枝、树叶和植物卷须，筑于树杈、藤蔓、槲寄生灌木或树缝（金亭鸟）里。

卵 窝卵数1~2枚，少数情况下为3枚；白色至浅黄色，有斑纹或虫迹形，主要集中在大的一端。孵化期21~27天，雏鸟留巢期17~30天。

食物 果实、昆虫、其他无脊椎动物、蜥蜴和其他鸟的幼雏。

通过清整场地、搭建和装饰求偶亭来吸引异性，并可能还用以向雄性对手示威。筑亭种类为一雄多雌制，雄鸟以鸣声和（或）绚丽的体羽吸引尽可能多的雌鸟来到它们的求偶亭，求偶亭对它们的成功繁殖具有举足轻重的意义。雌鸟在选择雄鸟时会辨别评估它们鸣叫的频率和强度、对求偶亭的呵护程度、亭本身的质量和（或）数量、亭的装饰以及它们的炫耀行为和体羽。最终，年长资深的雄鸟往往得到雌鸟的青睐，最有可能获得与多只雌鸟交配的机会。值得注意的是，色彩绚丽的种类其雄鸟只筑一般的求偶亭，而着色相对暗淡的雄鸟筑的亭则大而复杂。

求偶亭的选址往往需要符合一种或多种微环境特征。直至不久以前，人们一直认为一雄多雌制种类的雄鸟会形成集体炫耀的展姿场，相关的群体聚集在某些求偶亭炫耀。然而这

↗ 一只头顶有醒目的黄色冠羽的雄阿氏园丁鸟
这种见于新几内亚高地、筑"五月柱"的鸟，正受到来自森林砍伐的威胁。

样的推测只在齿嘴园丁鸟中得到了证实。雄齿嘴园丁鸟会在森林地面的落叶层清出一块求偶区域,铺上绿叶,叶子颜色较浅的一面朝上,然后几乎持续不停地鸣叫,吸引雌鸟前来。由于它们的求偶区域在栖息地中呈不均匀分布,于是在某些地区便产生了密集的炫耀群体,从而形成了展姿场。而对黄头辉亭鸟、缎蓝园丁鸟、浅黄胸大亭鸟、冠园丁鸟、阿氏园丁鸟和金亭鸟的研究发现,这些种类并不形成集体炫耀的展姿场,它们的求偶亭分布均匀。斑大亭鸟则会在某些栖息地形成展姿场。

求偶亭的亭址往往会使用数十年,雄性成鸟在这一点上表现出极大的忠诚度,如有些缎蓝园丁鸟的亭址已使用了长达50年时间。雄性未成鸟要当五六年的"学徒",它们参观成鸟的求偶亭,然后搭建简单的"实习"亭来锻炼手艺。筑亭本领不是天生的,至少从对缎蓝园丁鸟的研究中可断定其很大程度上为后天习得。

在所研究的筑亭种类中,雄鸟仅维护求偶亭及周围区域,而雌鸟只维护它们的巢址。雌鸟会连续数年使用同一处巢址。巢通常是以粗树枝为框架、辅以干树叶和细枝筑成的碗状结构,里面衬以植物卷须和其他类似的柔软物质。冠园丁鸟和金亭鸟的巢平均离地面2米,而缎蓝园丁鸟和齿嘴园丁鸟的巢离地面达15米。

单配制的园丁鸟属种类常年维护它们的领域,配偶会生活在一起数年(如果不是终生的话)。雄鸟不筑巢、不孵卵、不看雏,但喂雏。

↗ 一只绿园丁鸟和它的后代
澳大利亚的园丁鸟属种类在它们碗状巢中间的衬材下面会铺上一层朽木或泥土,这在园丁鸟科中很罕见。

鹟 不同的婚姻方式

鹟大部分种类实行一夫一妻制，但极个别的会在家庭之外包养"情人"。这件事情，它们做得很隐密，妻子完全被蒙在鼓里。原来，在妻子孵卵的时候，这些花花丈夫们又去别地买田置地以"未婚者"的身份同"单身女青年"重婚。待到情人产卵后，它们又狠心地遗弃掉情人，乖乖回到妻子身边做一个好丈夫、好父亲。只是，它们不知道，在它们消失的这段时间里，它们的妻子为了回报别的雄性成员的关爱，已经给它们戴了"绿帽子"并且诞下子女。而它们的情人，因无力独自抚养所有的孩子，导致很多雏鸟只能被饿死。

鹟为栖于林地或森林中的小型鸟类，一般可以通过它们捕食飞虫的方式来识别。它们采取"静伺"策略，从低处的栖木上突袭半空中的猎物。利用这种方法，斑鹟每18秒钟便能捕获一只昆虫。当天气转冷、飞虫稀少时，它们不得不在树荫层间盘旋觅食，这无疑需要耗费更多的能量。

鹟见于欧洲、非洲、亚洲、澳大利亚的大部分地区及太平洋岛屿上。它们生活在沿海丛林至海拔4000米的高山林中。在欧洲，它们是受人们喜爱的花园鸟类，有些鹟（如姬鹟属的种类）也很乐意到人们为它们所设的巢箱营巢。不过，一半以上的种类分布在东南亚和新几内亚。在热带地区，有些种类如马尔鹟，在非繁殖期会成小群活动，而灰鹟则会加入混合种类觅食群。

● 耐心的食虫鸟

不同的鹟从具有多种颜色到几乎为单一的褐色或灰色各不相同。在许多种类中，两性羽色差异较大，但体型接近；而在其他种类中，通常是那些色彩单调的种类两性非常相似。典型的鹟具有相对宽而扁的喙，鼻孔周围有被称为"口须"的变异羽毛，有助于捕捉飞虫。腿、脚较弱，可能是因为这些鸟的觅食方式只需它们栖于枝头静静等候就行了。并非所有的鹟都只食昆虫，有许多也会摄取果实和浆果。有一个非洲种类，白眼黑鹟，甚至会捕食其他小鸟的幼雏。

大多数热带种类为留鸟，但有些会进行季节性迁移，而高海拔地区的种类会在繁殖期结束后迁徙至低海拔地区。欧洲和亚洲的种类前往非

知识档案

鹟
目 雀形目
科 鹟科
17属115种。种类包括：灰鹟、暗鹟、斑鹟、白腹蓝姬鹟、白领姬鹟、斑姬鹟、马尔鹟、白眼黑鹟、鲁氏仙鹟等。

分布 欧洲、亚洲、非洲、澳大利亚、太平洋岛屿。

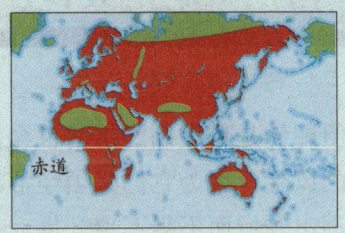

栖息地 以森林、林地和丛林为主。

体型 长10~21厘米。

体羽 具相当的多样性。有些种类为单一的灰色或褐色，其他种类或为黑白色或为醒目的蓝色、黄色、红色。在着色单调的种类中，两性差异甚微；而在色彩鲜艳的种类中，两性差异明显。

鸣声 具有多种声音，会发出从简单的单音节到颇为复杂的鸣啭。

巢 大部分种类在树枝上筑杯形巢；少数种类营巢于洞穴中，但并不自己掘穴。

卵 窝卵数1~8枚，通常为2~6枚。白色、绿色或浅黄色，通常有斑；在营洞穴巢的种类中，卵为蓝色而无斑。孵化期12~14天，雏鸟留巢期11~16天。

食物 以昆虫为主。

洲、印度或东南亚过冬。英国的斑姬鹟迁徙至南非越冬，在那里它们由外往里脱换初级飞羽，这在鸟类中别具一格。从莫斯科出发的斑姬鹟会先向西飞行，于秋季在葡萄牙北部暂做停留，补充迁徙所需的脂肪。它们在那里也会建立领域，为期3周，在增加了相当于体重70%的脂肪后，它们便可以直接飞越撒哈拉。

● **善于欺骗**

多数鹟在树杈上筑小型的杯形巢，当然也有不少例外，如欧洲的斑姬鹟、白领姬鹟以及鹟属的某些非洲种类，它们在树洞内营巢。

大部分种类被认为是单配制。但斑姬鹟和白领姬鹟有时实行多配制，它们有一种不寻常的繁殖机制，即有些雄鸟会接连建立2个或2个以上的领域，每个领域吸引一只不同的雌鸟。如一只雄斑姬鹟于春季到达繁殖地后，会在巢穴周围建立一片领域，旨在引来一只雌鸟。倘若成功，它继而会在数百米开外建起第二片领域以再吸引一只雌鸟。甚至有记录表明它们可以成功吸引3只雌鸟。第一个领域与第二个领域之间的平均距离为200米，但已知的最大距离可达3.5千米，中间会有其他许多雄鸟的领域。

通过建立2个领域，雄鸟在前来的

↗ 鸲姬鹟见于远东的森林中。这种鸟的名字"Mugimaki"在日语中的意思为"播种小麦"。

雌鸟面前便可隐藏起它们已经有配偶的事实。在努力吸引第二只雌鸟时，它们表现得像"未婚者"一样。而在第二只雌鸟产下卵后，雄鸟经常会弃之而去，大部分精力用于帮助第一只雌鸟喂雏。由于独自育雏，第二只雌鸟只能眼睁睁地看着部分雏鸟活活饿死。由此，雄鸟以欺骗方式增加了后代数量，但雌鸟付出的代价比较大。一些研究发现，约有15%的雄鸟能成功吸引一只以上的雌鸟，而更多的是试图这么做，但以失败而告终。但不管怎样，欺骗性的雄鸟还是占少数的。

在大多数种类中，雄鸟在雌鸟产卵前会守在它们身边以防止其他雄鸟与之发生交配。然而，"重婚"的斑姬鹟雄鸟前往第二个领域时便无法顾上它的原配，结果就存在其他雄鸟使其原配受精而成为部分雏鸟"父亲"的风险，导致同一窝雏有不同的父鸟。但即使是单配制的雄鸟也会面临这样的风险，因为它们必须经常将入侵者逐出领域而不得不离开巢。有观察结果表明，倘若一只雄鹟离开雌鸟10米之外，发生配偶外交配的可能性就相当大。在所研究的各窝雏鸟中，育雏的雄鸟只是约3/4雏鸟的真正父鸟。然而，尽管多配制的雄鸟面临更大的风险，但它们通过与第二只雌鸟进行交配而能拥有更多的后代。

相比之下，对白领姬鹟（斑姬鹟的密切亲缘种）的实验表明，这种鸟的雄鸟会进入其他个体的巢中，但不是直接在那里繁殖，而是察看在一个繁殖群居地中哪些地方最适合它们日后繁殖。实验者人为地增加了某片区域内的雏鸟数量而使另一片区域内的雏鸟数量减少。结果在次年，大部分雄鸟选择了在雏鸟数量多的地方进行繁殖。

嘲鸫 盗窃高手

> 嘲鸫种类繁多，食源广杂。有的喜欢吃昆虫，有的喜欢吃果实，还有的喜欢吃海味，个别的口味极其特殊，喜欢吃腐尸。更有一种冠嘲鸫，简直就是"盗窃高手"，它们会趁成鸟出外觅食的间隙，啄食海鸟卵，甚至会从受伤动物身上吸食血液。它们可以说是打零工的"吸血鬼"。

嘲鸫的英文名"mockingbird"（意为模仿取乐的鸟）源于科内有些种类会效仿其他动物的声音。尽管其他鸟是它们主要的效鸣对象，但有记录表明它们也会模仿蛙、钢琴甚至人的声音。嘲鸫的鸣啭富有穿透力。嘲鸫的英文名除了mockingbird外，还有另一个名字"mimic-thrush"（意为善模仿的鸫）。这群富有特色的新大陆鸟生活在北美、南美和中美洲的大部分地区（除加拿大北部），其中南美小嘲鸫出现在南美南端。它们大多数和鸫一般大小，并且被认为与鸫和鹟鸫具有密切的亲缘关系。

● 新大陆的模仿家

嘲鸫的尾一般比鸫和鹟鸫的尾长，喙也较长且通常明显下弯。许多种类的体羽模式颇似"标准的"鸫，上体褐色、下体浅色，具大量斑纹。但有几个种类着色更深，并更多地为单一的灰色。色彩最醒目的也许是蓝嘲鸫：一身灰蓝，只有脸为黑色。而科内的小型种类之一灰嘲鸫则着色独特：体羽为统一的灰色（上体颜色比下体深），头顶为黑色，尾下覆羽为亮丽的栗色。许多嘲鸫会以一种惹眼的方式翘起并展开它们长长的尾羽（尤其是在炫耀中）。

多数嘲鸫大部分时间生活在下层丛林，用它们长而有力的腿在其间穿梭跳跃。它们的食物丰富多样，一年内多半时间以食地面各种节肢动物

↗ 在美国俄亥俄州，一只小嘲鸫的未成鸟摘下一枚浆果。这种鸟以优美的歌声和惊人的模仿能力而著称。

为主，而在有些季节也会食大量的果实和浆果。加岛嘲鸫还会在海滩上觅食小型的蟹并经常食腐。嘲鸫大部分的猎物取自地面，用它们强健的喙做"探测器"或者直接啄破潜在的食物（如卵）。在加拉帕戈斯群岛的胡德岛上，有名的冠嘲鸫会啄开无成鸟照看的多种海鸟的卵，并窃取加岛哀鸽、陆鬣蜥和海鬣蜥的卵，此外它们还经常从鬣蜥、海狮和海鸟幼雏身上的伤口部位饮血。

● 见于地面

嘲鸫成功地扩散到了加勒比群岛和加拉帕戈斯群岛的许多岛屿上，并被引入夏威夷和百慕大。许多分布靠北的种类会南下过冬，如绝大多数灰嘲鸫和褐弯嘴嘲鸫会离开加拿大，多数在美国繁殖的高山弯嘴嘲鸫在墨西哥越冬。不过有部分小嘲鸫会在加拿大过冬。

嘲鸫科的主要栖息地是灌丛和森林下层丛林，也包括林木线上高海拔地区的草地，还有不少种类栖息在近沙漠的干旱地带。但所有种类都会利用低矮的植被做掩体，并且主要在地面觅食。例外的是小安的列斯群岛上的2个旋木嘲鸫种类，生活在雨林中；以及变异的种类黑顶鸫鹛，如今有时

知识档案

嘲 鸫
目 雀形目
科 嘲鸫科

12属36种。种类包括：黑顶鸫鹛、灰嘲鸫、蓝嘲鸫、褐弯嘴嘲鸫、斑弯嘴嘲鸫、弯嘴嘲鸫、高山弯嘴嘲鸫、红尾旋木嘲鸫、加岛嘲鸫、冠嘲鸫、小嘲鸫、南美小嘲鸫、索科罗嘲鸫等。

分布 新大陆，从加拿大南部到火地岛。

栖息地 丛林中（通常干旱），一般生活在近地面处。

体型 长20~30厘米（包括大部分种类中相当长的尾）。

体羽 多数种类上体主要为褐色或灰色，下体一般为浅色或白色，常有大量斑纹。少数种类着色相对醒目，为多种褐色（如黑顶鸫鹛）或灰蓝色（蓝嘲鸫）。许多种类具有色彩鲜艳的眼睛，呈红色、黄色或白色。两性相似。

鸣声 鸣啭复杂而富有穿透力，部分种类能模仿其他多种鸟类或动物的声音。

巢 大而零乱的杯形巢，用草和细树枝筑成，通常位于近地面处或地面上，但有时也筑于高树上。

卵 窝卵数一般为2~5枚；着色从浅色和白色至青绿色各异，常有大量深色斑纹。孵化期12~13天，雏鸟留巢期通常也为12~13天，但有些热带种类会更长。

食物 果实、种子及节肢动物。

被归入鹟鹩科。

● 零乱的巢

留鸟种类年内绝大部分时间在领域内度过，强烈抵制其他同类进入。它们通常单独或成对生活，但有些种类会成群，数量可达40只，其中的数只会帮助育雏。在这些群体中成员之间究竟为何种关系还有待进一步确定。已知在有些情况下协助者为繁殖配偶之前的后代。

据目前所知，所有嘲鸫都在茂密植被中筑大而零乱的树枝巢。多数情况下，巢或位于地面，或在离地面2米以内的植被上，有时会筑于15米甚至更高的树上。一窝产2~5枚卵（少数情况下达6枚），卵在12~13天后可孵化，雏鸟再经过大约同样长的时间后离巢。繁殖期一般始于春季，或者在某些干旱地区如加拉帕戈斯群岛，在雨季来临后开始。繁殖期有可能很长，因为会育2窝甚至3窝雏。配偶通常连续数个繁殖期生活在一起，但灰嘲鸫的配偶在育雏失败后会倾向于分开或者离开领域。这种现象被认为是面对天敌而采取的一种适应行为，因为大部分配偶育雏失败便是由于遭到了天敌的袭击，选择离开可以让亲鸟去别处找到更安全的避难地。

多米尼加共和国及小安的列斯群岛上的红尾旋木嘲鸫是一个特别的种类，很容易通过它们的抖翅行为来加以识别（这很可能是一种向其他同类发出的交流信号，因为通常见于群体中）。这种鸟大部分时间在雨林中度过，在那里它们用短腿附于树干上觅食。这种在树干上捕食昆虫的习性使红尾旋木嘲鸫有可能取代了啄木鸟在那里的生态位，因为啄木鸟在那些岛屿上没有分布。

↙ 黑顶鹩鹩栖息于新热带地区茂密的沼泽植被中，通常位于低地的池塘和河流边上。

鹪鹩 房地产开发商

> 雄性鹪鹩大概是鸟类界的"房地产开发商",普通鹪鹩和莺鹪鹩会一次性筑巢3~4个,以此向女朋友炫耀自己的财富和实力,如果求婚成功,直接大方地将房子送给女方使用。在为期3个月的繁殖期内,这些地产大佬,不断地建新房,找新的伴侣,估算下来,差不多能建6~12套房子。不过,它们还不算最忙碌的,忙得焦头烂额的当属长嘴沼泽鹪鹩,一个繁殖季节下来,它们能建25~35套房。它们这么做,花心的原因只占很小一部分,更多的是想向雌鸟表明:我这么有能耐,会是个好丈夫。一旦有雌鸟青睐,它们立即找个隐蔽的地方,重新筑巢给雌鸟繁殖用。因为,它们最清楚这么多显眼的房地产是会招来祸端的。

鹪鹩为保守的鸟类,很少着鲜艳的颜色,很容易被忽视。然而,这群体羽暗淡的鸟却以圆润洪亮、丰富多样的鸣啭而见长,它们还具有各种各样的群居行为。所有鹪鹩都筑复杂的带顶巢,不仅用以产卵育雏,也是群栖之处以及雄鸟求偶的舞台。鹪鹩科的拉丁学名"Troglodytidae"便源于这种筑巢习性,意为"洞穴居住者",指的就是这些鸟习惯筑封闭式的巢。

在有些种类中,雄鸟会筑巨大的巢,同时也是精力旺盛的优秀歌手。对欧洲和北美的一雄多雌制鹪鹩种类进行实地研究后发现,上述2种行为在这些种类中达到了极致,原因可能是雌鸟择偶所带来的性选择以及雄鸟之间激烈竞争的结果。

许多中美洲的种类被认为是单配制,而曲嘴鹪鹩类以家庭为单位生活,并发展出一种协作繁殖机制,长大的后代会协助亲鸟抚育后出生的雏鸟。由此可见,鹪鹩科的群居行为呈

↗ 卡罗苇鹪鹩在寒冬中

这种因白色眼眉和"啼-可陀,啼-可陀"的鸣声而很容易识别的鸟在严寒中往往会遭受重创,长时间的大雪覆盖会使它们的数量骤减。

知识档案

鹪鹩
目 雀形目
科 鹪鹩科

14属83种。种类包括：阿氏沼泽鹪鹩、长嘴沼泽鹪鹩、棕曲嘴鹪鹩、大曲嘴鹪鹩、（普通）鹪鹩、科氏鹪鹩、莺鹪鹩、笛声鹪鹩、歌鹪鹩、扎巴鹪鹩、尼氏苇鹪鹩等。

分布 北美、中美和南美，（普通）鹪鹩分布在欧亚大陆和非洲北端。

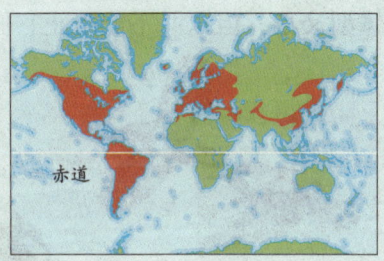
赤道

栖息地 森林中或水道边茂密、低矮的下层丛林，多岩石的半沙漠地带。

体型 体长7.5~12.5厘米，体重8~15克，最大的种类大曲嘴鹪鹩长20~22厘米。雌鸟通常略小于雄鸟。

体羽 褐色、肉桂色或赤褐色，上体有深色横斑；下体浅色，有时具斑。两性体羽无明显区别。

鸣声 从单音节口哨声到包含数百个音节的鸣啭以及动听而复杂的对唱齐鸣，多种多样。

巢 悬于植被、洞穴或突出物上，有顶，入口在侧面，有时带通道。巢一般深8~12厘米，宽6~10厘米，但棕曲嘴鹪鹩的巢深可达60厘米、宽45厘米。

卵 窝卵数在北温带种类中最多达10枚，在热带种类为2~4枚；白色，带红斑；大小为1.3厘米×1.8厘米至1.8厘米×2.4厘米。孵化期12~20天，雏鸟留巢期12~18天。

食物 无脊椎动物，以昆虫、蜘蛛等为主，也食蝴蝶和蛾的蛹及成虫。

现出丰富的多样性。另外，还有许多热带种类的习性尚不为人知。

● 丛林中的小型觅食者

鹪鹩科的成员通常都很小，最大的种类大曲嘴鹪鹩也不过一只鸫那般大小。多数鹪鹩长为10厘米左右，重仅约12克。在温带鸟类中，比鹪鹩还轻的也就只有某些莺、戴菊和蜂鸟。小巧的体型使它们倾向于栖息在茂密的下层丛林和灌丛中。

鹪鹩的翅膀普遍显得圆而钝，这是生活在茂密、拥挤的栖息地的鸟所具有的典型特征。这种形态的翅膀赋予它们很好的机动性，但直线飞行能力相对较弱。它们的体羽通常相当暗淡，以褐色、黑色和白色为主。有些种类，尤其是苇鹪鹩类和林鹪类，对这些有限的色调进行组合，取得了很好的效果，如果近距离看这些鸟，会发现它们很有吸引力。而暗淡的体羽同样也是生活在茂密栖息地中的鸟的一大特征，因为在那里，视觉交流信号的价值不大。

鹪鹩生活于多种类型的栖息地，包括北温带北部森林区和亚北极地区的丛林、针叶林、落叶林、芦苇荡、沙漠、岩崖、低地热带雨林及山林。

在如此众多的栖息地中,它们最常见的是生活在植被茂密的下层丛林和灌丛中。

鹪鹩的觅食习性则相当简单,所有种类均为食虫鸟,而这使它们在昆虫匮乏的地区难以生存下去。为应对这种食物短缺的威胁,一些种类发展了迁徙习性,尤为突出的是(普通)鹪鹩、莺鹪鹩和长嘴沼泽鹪鹩这3个生活在高纬度地区的种类。

● 集中在美洲

南美西北部一些国家以及中美洲地区的鹪鹩种类最为丰富,这一分布模式表明鹪鹩起源于南美北部或北美南部。多数种类见于美洲大陆的西部山区,而往低地方向或往南、往北方向种类的多样性迅速下降。虽然鹪鹩表面上看起来飞行能力弱,大部分种类体型又小,但这并不能阻止它们向

↗ (普通)鹪鹩的求偶过程包括:1.一只雄鸟在栖于某根露天枝头时(或在地面觅食时)发现一只雌鸟进入了它的领域;2.它立即径直向雌鸟飞去;3.雌鸟通常选择飞走,于是一场追逐开始,雄鸟做扇翅快速飞行;4.追逐常以"突袭"结束,雄鸟试图与雌鸟发生身体接触或进行交配,但一般不会成功;5.在这一插曲后,雄鸟转而开始发出轻柔、简洁的求偶鸣啭,继而试图引导雌鸟参观它其中的一个巢;6.在雌鸟离巢只有数米时,雄鸟反复将头伸入巢中再探出来以怂恿雌鸟入巢;7.随后雌鸟便有可能进入巢内,此时雄鸟便在旁边的栖木上鸣啭;8.至少10秒钟(有时长达数分钟)后,雌鸟从巢中出来;9.过一段时间后,雌鸟会找来一些衬材铺在巢中。在这复杂的仪式期间或整个过程结束后,雌雄鸟在巢外进行交配。

某些岛屿扩散。如古巴有扎巴鹪鹩，马尔维纳斯群岛有科氏鹪鹩，苏格兰西北部的圣基尔达岛上则有普通鹪鹩的不同亚种。

普通鹪鹩是全科在旧大陆的唯一代表。这种鸟被认为当初是从阿拉斯加向西迁徙至西伯利亚的，而如今它的分布范围具全球性，从美国东部向西一直延伸到冰岛。

另一种跨大陆分布的便是莺鹪鹩，其范围北起美国东部，南至南美的巴塔哥尼亚。至于其他鹪鹩，尤其是限于中美洲的许多种类，占据的生态位相对狭窄得多，分布范围很有限。

● 歌声优美、具领域性

根据行为习性，鹪鹩可划为两大类。其中占多数的是栖于森林中茂密的下层丛林中的小型种类，它们体羽具保护色，行踪隐秘，为独居性，攀缘、穿梭于浓密的植被中觅食微型昆虫和其他动物。而占少数的为体型相对大得多的曲嘴鹪鹩类，生活在更为开阔的中美洲半沙漠地带。

有详细研究的鹪鹩种类似乎都具领域性，至少在繁殖期内如此。鹪鹩是有名的鸣禽，一些单配制的森林种类常年成对生活，有些（如歌鹪鹩）会发出配合得天衣无缝的优美"二重唱"。

在一雄多雌制种类中，雄鸟的鸣啭既用以维护领域，也用来吸引异性，某只雄鸟在一个繁殖期吸引5只雌鸟进行交配乃是司空见惯之事。每天清晨，相邻的雄鸟会花大量的时间为划分清晰的领域边界相互回应对方的鸣声。当一只雌鸟进入领域后，雄鸟就会展开强烈的求偶攻势，边鸣啭边引着雌鸟围绕它筑好的巢转。在普通鹪鹩和莺鹪鹩中，雄鸟会一次性筑3~4个巢，同时供自己炫耀及雌鸟繁殖用。雌鸟繁殖发生在求偶以及雌鸟在杯形巢内垫以衬材之后（雌鸟在筑巢方面所作的贡献仅限于此）。

上述2个种类的雄鸟在为期3个月的繁殖期内会筑6~12个巢，而长嘴沼泽鹪鹩的雄鸟在时间跨度差不多的繁殖期内所筑的巢可多达25~35个。巢会成片筑在一起，有些甚至相互之间有一半相连，但似乎主要起象征作用。长嘴沼泽鹪鹩的雄鸟会在这些巢堆中大声地鸣啭，只要有雌鸟过来，都会领着它参观几个巢。随后这种雄鸟还会另外再筑一个巢（通常不在它求偶的中心区域），供雌鸟繁殖用。巢遭到天敌袭击的概率很高，常有80%的繁殖行为受到影响。

根据观察发现，在有巢可用的前提下，这些种类的雌鸟会自由选择究竟去哪只雄鸟那里繁殖。所以不难想象雄鸟的任何行为特征都是为了在激烈的性选择下提高自己吸引异性的能力。于是，比起那些单配制种类，这些一雄多雌种类的雄鸟筑更多的巢、有更复杂的歌声和求偶炫耀行为、在繁殖期花更多的时间用以鸣啭也就不足为奇了。由于大量时间都花在吸引异性上,因此(普通)鹪鹩和长嘴沼泽鹪鹩的雄鸟从不孵卵,只是在繁殖期临近尾声时会帮助雌鸟喂雏。

棕曲嘴鹪鹩的繁殖机制则截然不同,它们为单配制,实行协作繁殖。一对配偶一年可育4窝雏,后面的几窝雏由双亲及前面几窝雏中具备独立生活能力的后代共同喂养。在这样的家庭单元中,所有成员都会协助雄鸟维护领域,抵制其他家庭单元的入侵。然而,相当矛盾的是,除了刚长齐飞羽的幼鸟,其他成员都各自单独栖息在领域内四处分散在仙人掌上的诸多巢中的某一个中。

● 来自猫和鼠的威胁

鹪鹩种类尚无灭绝的记录,但有些亚种已经绝迹。岩鹪鹩的一个亚种在它的故岛雷维利亚希赫多群岛的圣贝尼迪克托岛于1952年的火山爆发中一次性灭绝。而其他灭绝事件则是人为因素造成的。

有数个亚种濒危,主要威胁来自栖息地的丧失,如莺鹪鹩在瓜德罗普岛和圣卢西亚岛上的2个亚种。而2个哥伦比亚种类阿氏沼泽鹪鹩和尼氏苇鹪鹩的处境日益令人担忧。前者仅见于哥伦比亚中部一个人口稠密地区的湖边栖息地,正面临着来自经济发展的压力。而尼氏苇鹪鹩已极为罕见,存在着很大的灭绝风险。这一种类首次见于1945年,而直到1989年才被第二次观察到。

在马尔维纳斯群岛,科氏鹪鹩近年来分布范围出现了大幅缩减,原因是野猫和鼠的入侵,不过在该群岛的部分岛屿上数量仍相当多。古巴的扎巴鹪鹩目前总数可能仅剩100来只,需要采取积极的保护措施方能保证这一种类长期生存下去。事实上,鹪鹩在岛上的种群会自然地出现较大的数量波动,如普通鹪鹩的小种群在冬季气候条件下特别容易出现大的数量起伏。然而,这些种群还是能够继续生存的,因为它们在夏季的繁殖率很高,这意味着它们的数量通常只是在某个季节处于低谷。

↗ 普通鹪鹩这种小巧、活跃的北温带鸟是世界上最受人们喜爱的鸟类之一,经常出现于各种传说和民间故事中。

山雀 高智商群体

> 山雀在鸟类世界可算高智商群体了。它们懂得贮藏食物，以备不时之需。而且它们藏东西的技巧高妙着呢：剩余的食物会被掩藏在树皮的裂缝里或者是埋于苔藓下面。山雀的学习能力也很强。若一只山雀懂得将牛奶瓶揭开喝奶，其他的山雀会很快都学会这妙招。

山雀为小型鸟类，活跃于林地和灌丛中。大部分具群居性，善鸣叫。北美和欧洲种类中有世界上最受欢迎的鸟之一，冬季经常光顾喂鸟装置，夏季则在人工巢箱里营巢繁殖。山雀很少给人类带来危害，相反，它们给居家的观鸟者们带来了愉悦和享受。山雀的英文名"tit"源于"titmouse"一词，在英国，这一名字用于山雀科的所有成员；但在北美，仅用于其中一类山雀（另一类山雀以"chickadee"命名）。虽然其他一些没有亲缘关系的鸟类其名字中也带有"tit"，但只有山雀科、长尾山雀科和攀雀科这3个科的种类被认为是密切相连的，它们与鸸和旋木雀具有亲缘关系。全科53个种类中有50个种类都归在山雀属中，如今有一种论点拟将这一庞大的属细分为10个不同的属。

● **灵巧的捕虫手**

在形态上，绝大部分山雀都相当一致，因而山雀在全世界都很容易辨认。许多种类浅色或白色的脸颊与黑色或深色的头顶形成鲜明对比，有不少具冠。山雀的喙短而结实，腿也短。所有种类多数时间生活在树上和灌丛中，但也会到地面觅食。它们小巧玲珑，能轻松自如地倒挂于细树枝上。大部分种类终年为留鸟。

多种山雀以食昆虫为主。有不少种类也食种子和浆果，尤其是在寒冷地区的种类，种子是它们冬季的主要食物。冬天，山雀在花园和喂鸟装置前频繁出现的原因是可以获得大量的种子食物。有些山雀会储藏食物，主要是种子，有时也可能是昆虫，这些食物通常藏于树皮的裂缝里或埋于苔藓下面。贮藏的食物有可能一段时间都不会用上，也有可能刚藏起来数小时便取走。

在暖和的繁殖季节，所有种类都会给雏鸟喂食昆虫。一对青山雀的配偶在雏鸟发育最快的那段时间会以平

知识档案

山雀
目 雀形目
科 山雀科

4属53种。种类包括：黑顶山雀、白翅黑山雀、青山雀、白眉冠山雀、煤山雀、凤头山雀、大山雀、沼泽山雀、橡山雀、林山雀、灰山雀、美洲凤头山雀、白枕山雀、褐头山雀、黄眉林雀、冕雀、褐背拟地鸦等。

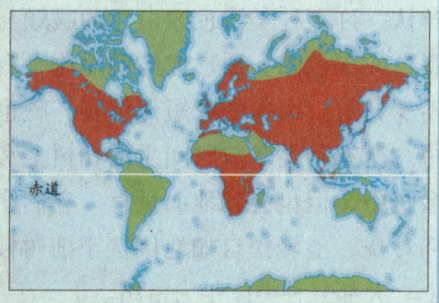
赤道

分布 欧洲、亚洲、非洲、北美（南至墨西哥）。

栖息地 主要为林地和森林。

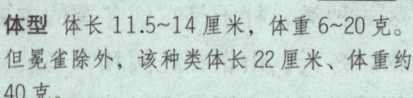

体型 体长11.5~14厘米，体重6~20克。但冕雀除外，该种类体长22厘米、体重约40克。

体羽 以褐色、白色、灰色和黑色为主，有些种类带有黄色，3个种类具天蓝色。两性仅有细微差别，即有些雌鸟着色比雄鸟黯淡。

鸣声 多种单音节声音，唧唧喳喳的鸣叫，多种口哨声，复杂多变的鸣啭。

巢 洞穴中。有些种类在软木中凿洞。

卵 窝卵数通常为4~12枚；白色，带红褐色斑。孵化期为13~14天，雏鸟留巢期17~20天。

食物 以昆虫为主，也食种子和浆果；有些种类会贮藏食物以备后用。

均每分钟一条毛虫的速度喂雏，而在雏鸟留巢期间，喂雏的毛虫超过1万条。所以山雀被初步认为在控制森林虫害方面起着重要作用，人们也因此为它们设置了大量巢箱。

山雀学习能力很强。1929年，人们在英格兰南安普敦观察到一些山雀将牛奶瓶的盖揭开然后喝起牛奶来。其他山雀迅速学会了其中的技巧，很快这一现象便出现在整个英格兰。

黄眉林雀的情况鲜为人知，这种体羽相当黯淡、主要呈绿色的鸟，不像其他大多数种类那样具有分明的着色模式，被单独列为一属。该鸟生活在海拔2 000米以上的高地森林中。直到1969年，人们在一棵杜鹃花植物上发现了它的洞穴巢，才了解到这一种类的繁殖习性与其他山雀相似。

还有2个种类也属于山雀科。东南亚的冕雀对一般的山雀而言堪称庞大。这种鸟长约22厘米，重将近40克，几乎是其他种类最大的山雀的2倍。冕雀体羽主要为蓝黑色，富有光泽（雌鸟略黯淡），头顶为醒目的黄色，有可竖起的冠羽，腹部也呈黄色。

更为与众不同的是褐背拟地鸦。这种鸟生活在中国西藏及周围林木线以上的高原地区。体羽为褐色，喙弯曲，长度中等。营巢于啮齿动物的巢穴内或岸滩上的洞穴中。褐背拟地鸦外形看上去与山雀毫无相似之处，但近年来对其进行独立的形态研究和DNA分析后证实，它属于山雀科。

● 集中在赤道以北

在山雀科、长尾山雀科和攀雀科这3个密切相连的科中，山雀科是目前最大、分布最广的科。从平地到高山，凡是有树的地方往往就能见到它们的身影。除了无树区和海岛，只有南美、马达加斯加岛、澳大利亚和南极不存在山雀。11个种类见于北美，还有13个种类分布在非洲的撒哈拉以南地区，剩下的种类则主要生活在欧亚大陆。

许多种类分布广泛。大山雀、煤山雀和褐头山雀的分布范围从不列颠群岛一直到日本。沼泽山雀也在这一范围内繁殖，但在中亚有一段约2 000千米的断层带。灰头山雀的分布范围从斯堪的纳维亚半岛穿越亚洲至阿拉斯加和加拿大。欧洲和亚洲的褐头山雀与北美的黑顶山雀极为相似，很可能在史前有一种山雀绕北半球分布，后来分化为这2个种类。

↗ 山雀的代表种类
1.红胸山雀；2.黄颊山雀；3.青山雀；4.灰蓝山雀；5.头部放大的白眉冠山雀。

莺 "缝"叶筑屋

莺科是个大类，不同的种类有各自生存的技巧。生活在印度和东南亚的缝叶莺真不愧是个能工巧匠，它们懂得就近取材建房子。它们知道在树叶的边缘啄出一个个洞，然后用植物的纤维或者蜘蛛网将树叶缝合在一起形成一个锥形结构，然后在里面筑巢。

莺是一个极为考验观鸟者辨别力的鸟科。有许多种类外形极为相似，让无论是初入门者还是有经验的观鸟者都眼花缭乱、难以区分。不过它们的鸣声往往有着显著的差异。莺是一类小型鸟类，常常隐匿于茂密的植被中，只有在觅食它们喜爱的昆虫时才会偶尔乍现，但随之又消失得无影无踪。当然，这一大科中也有许多色彩亮丽、容易辨别的种类，它们主要生活于热带。总体而言，莺为小型鸟类，喙尖细，脚强健，对于适应栖木生活绰绰有余。有些种类如波纹林莺，具有很长的尾，有助于它们在浓密的叶簇间穿梭和在枝、叶间不停地搜寻昆虫时保持身体的平衡。

● 分成数大类

莺科可分为数个大类。苇莺类包括在大属苇莺属中，共有32种。这些莺通常见于沼泽、芦苇荡和湿地中，一般体羽均为褐色，身材结实，脚和喙都很大，使它们得以在芦苇丛中自如攀缘。其鸣声为刺耳的啁啾声，很容易区别。蝗莺类的颤鸣声似昆虫发出的声音，"蝗莺"一名由此得来。林莺类包括篱莺属的7个种类和林莺属的24个种类，后者的两性体羽明显不同，这在莺科中非常罕见。柳莺类囊括了科内第二大属柳莺属，共有46种，为绿色的小型莺，喙短，各种类之间外形酷似，倾向于在树阴层栖息，在树叶下啄食昆虫。多样性丰富的非洲树莺类包括了娇莺属、拱翅莺属、孤莺属和森莺属的部分种类。最后一属为长相奇特的莺，觅食时沿树干和枝干上下活动，用结实的喙伸进树缝里探食，过去被称为"鸸莺"。此外，还有不少更为另类的莺，如东南亚森林中的地莺类，几乎没有尾巴；还有马达加斯加的2种短翅莺和新西兰大尾莺，它们尾羽的羽支不连在一起，看上去像一枚枚钉子。

莺科最大的属扇尾莺属约有45个

种类,组成了扇尾莺类的一部分。这些鸟栖息于非洲的草地中,体羽多条纹,很难区分,最好的识别办法是借助它们的鸣声。事实上,鸣声的差异从它们的名字中便可见一斑,诸如哨声扇尾莺、噪扇尾莺、颤声扇尾莺、沸声扇尾莺、颤鸣扇尾莺、铃声扇尾莺等,而这些还仅仅只是其中的一小部分。扇尾莺类的特点有:繁殖期尾会增长,一年换羽2次,两性在体型上的性二态现象突出,雄鸟明显大于雌鸟。山鹪莺属的多种鹪莺是扇尾莺类的另一主要组成部分,这些鸟鸣声嘈杂,色彩黯淡,尾长而渐尖。

↗ 莺的代表种类

1.一只黑顶林莺在灌木上;2.一只蒲苇莺在芦苇荡中;3.芦莺;4.东南亚的稻田苇莺;5.红脸森莺。

还有一个大类是印度和东南亚的缝叶莺类，共有15种。这些鸟的名字源于它们会使用植物纤维或蜘蛛网将大的树叶缝在一起形成一个锥形结构，并将巢筑于其中。缝叶莺类的喙尖锐，相对较长，向下弯，它们正是用喙在树叶边缘啄出一个个孔，然后将"捻线"穿过去。此外，它们的尾以一种独特的方式翘起，雄鸟的尾比雌鸟的长。

● 并非仅限于旧大陆

莺科绝大部分种类见于欧亚大陆或非洲。其中有些分布广泛而且十分常见，如欧柳莺是在英国繁殖数量最多的候鸟，同时在北欧至俄罗斯东部的广阔地域内也有高密度的分布。然而，全科64个属中至少有33个属只含有一个种类。它们中有些归类关系多年来一直不明确，不过，在DNA分析的基础上借助西比利和阿尔奎斯特的分类体系，有效地澄清了其中一部分属和种的分类问题。即便如此，有些莺的俗名如鹛莺、鸫莺、雀莺等，大大增加了其分类难度。

而森莺科新大陆莺的存在，则进一步加大了这种难度。虽然该科与莺科并没有密切的亲缘关系，前者具9

知识档案

莺
目 雀形目
科 莺科
64属389种。

分布 主要在欧洲、亚洲、非洲，少量在新大陆。

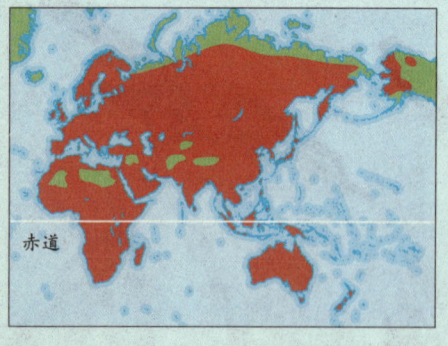

赤道

栖息地 从草地到森林的各种类型植被中。

体型 绝大部分种类体长9～16厘米，体重5～20克。有数个种类明显例外，如草莺最长可达23厘米，重约30克。

体羽 主要为褐色、暗绿色或黄色，常有深色条纹，有些热带种类（如白翅娇莺）着色鲜艳。在大多数种类中两性相似，例外的包括黑顶林莺和某些缝叶莺。

鸣声 鸣声多样，在较大的种类中通常刺耳。有些种类具简单而固定的鸣啭，而在其他种类中鸣啭复杂多样、优美动听。

巢 精心编织的复杂杯形结构或球形结构，位于茂密植被的低处。缝叶莺类和其他一些种类会用蛛丝将树叶缝合起来形成一个锥形结构，然后将巢筑于里面。

卵 窝卵数通常为2～7枚；底色为浅色，具深色斑。孵化期12～14天，雏鸟留巢期11～15天。雏鸟也有可能提前离巢（从出生后第8天开始），但不会飞，因此会由亲鸟继续照顾数日。

食物 以昆虫为主，有些种类也食果实。许多莺偶尔会食花蜜。

枚初级飞羽而后者有10枚,但部分莺科种类确实出现在新大陆。如极北柳莺的繁殖区域从西伯利亚一直延伸至阿拉斯加西部,尽管在阿拉斯加繁殖的个体也会回到旧大陆的南亚过冬。澳大利亚的本土大陆上一共有8个留鸟种类,其中包括富有特色的刺莺。新西兰只有一个种类即新西兰大尾莺。此外,太平洋和印度洋群岛上生活着多种独特的莺,通常数量很少。

莺对昆虫的依赖性成为大部分在高纬度地区繁殖的种类具高度迁徙性的主要原因。多数欧亚大陆北部的莺会在非洲或热带亚洲越冬,所以有些会做惊人的长途迁徙。如在西伯利亚营巢繁殖的欧柳莺前往非洲亚撒哈拉地区过冬,意味着它们每年要飞越2个12000千米。在它们启程前,这些长途候鸟会积蓄大量的脂肪储备,体重翻一倍的现象并不少见。

↗ 一对芦莺在照看后代
它们的巢筑于高草秆中间。这种鸟生活的地方一般位于湖边或水流缓慢的河边。

全球气候变暖则使一部分候鸟种类提前回到繁殖地,因此有些种类现在的繁殖期比过去几十年早了1~2周。然而,气候变化也有可能给长途迁徙的种类带来负面影响,如倘若撒哈拉等沙漠进一步扩张,或者倘若迁徙途中的食物供应时间发生变化而导致这些莺的活动与之不再同步等。

极少数留在寒冷地区过冬的莺有时会因天气恶劣、食物匮乏而遭受重创。如英国的波纹林莺在严冬期间数量经常会大幅下降。不过,有迹象表明,这些鸟能够充分利用近年来气候变暖的现象,数量迅速增长。

黑顶林莺是人们研究迁徙遗传学的重点对象。通过对这种鸟的大量研究,人们发现了许多重要事实,可能同样适用于其他莺类以及其他鸟科的候鸟。详细周密的繁殖实验表明,它们的繁殖方向感和迁徙距离均受遗传

↗ 草莺有时被称为"棒糖鸟",因为它们身上最突出的特征是长而尖的尾,呈栗色和褐色,尾羽常成一束,像一根棒。草莺会栖于高草或花上享受日光浴。

基因控制。因此，当一只表现出往东南方向迁徙倾向的个体与一只倾向于往西南方向迁徙的个体结成配偶后，它们的后代便会表现出朝正南方向迁徙的倾向。此外，当基本不做迁徙的加那利群岛上的黑顶林莺与德国的候鸟黑顶林莺结偶后，它们的后代表现出中等强度的迁徙倾向。

德国的黑顶林莺很好地体现了自然选择在一种新的迁徙行为发展过程中的作用。如今有越来越多的黑顶林莺不再像过去那样南下迁徙至伊比利亚半岛，而是向西前往不列颠群岛过冬。在那里，日渐变暖的气候，人们在花园的喂鸟装置中为它们提供的更多的食物，都使它们有可能更好地生存，而且，因为迁徙路程更近，它们会比那些在伊比利亚过冬的个体更早地回到德国的繁殖地。于是，它们也更有可能与具有同样遗传倾向的异性结为配偶，从而促进了这种迁徙行为在整个种群中的普及。

● 为配偶而歌

莺一般为单配制，也有部分种类已知有多配现象，如蒲苇莺。莺的鸣声除了是维护领域的主要手段外，在吸引异性和选择配偶方面也起着重要作用。蒲苇莺的雄鸟在结偶后可能会不再鸣啭。而在芦莺中，具有复杂鸣啭的个体往往比那些鸣啭相对逊色的个体能够更快地成功吸引到异性。有些种类，如绿篱莺会在鸣啭中添加部分对其他鸟的效鸣，原因尚不完全清楚。湿地苇莺则有过之而无不及，它们的鸣啭完全由对其他种类的效鸣组成，平均一只湿地苇莺可模仿80种莺的鸣声，所以一半以上的非洲莺的鸣声可在这一种类的过冬地听到。

鸣声在区分种类方面同样具有重要作用。如叽喳柳莺和欧柳莺外表简直一模一样，但两者的鸣声迥然不同。莺一般在栖木上鸣啭，但生活在低处植被中的种类常进行鸣啭飞行，以将它们的歌声传播开去，这种行为可见于林莺类（如灰白喉林莺）以及扇尾莺类中的许多种类（如霄扇尾莺）。

所有莺似乎都竞争着同一种基本食物：小型昆虫。而在实际中，通常会出现高度的空间分层来将种类之间以及个体之间的竞争降至最低限度。高密度分布的种类，尤其是温带种类，具有突出的领域性。一般情况下雄鸟拒绝同一种类的其他成员进入领域，有时则也会拒绝其他亲缘种类的成员进入。如黑顶林莺和庭园林莺在维护各自领域时不但抵制同种类的成员而且还相互抵制。这种行为可能有助于保证一对配偶为自己和后代取得足够的食物，此外也有利于它们极为类似的巢保持距离，避免被天敌集中发现。

● 孤立的种类面临威胁

从整体来看，有10%以上的莺为受胁种类，并可分为3种类型。第一类是19种见于小型孤岛上的莺，它们因种群有限而特别容易面临灭绝的危险。塞岛苇莺便是其中一个例子，这一种类由于缺少繁殖空间而发展了协作繁殖机制（在这一机制中，由非繁殖配偶在巢中协助抚育雏鸟）。

第二类为以不同方式被隔离的11个种类。它们生活在孤立的山区栖息地，大片不适合栖息的低地将它们与其他山脉隔离开来。如那姆拉娇莺仅见于莫桑比克北部的那姆拉山。

最后一类为栖息地受到人类活动的破坏而不断缩减的12个种类。如尼泊尔周围地区的霍氏山鹟莺，该种类的栖息地正面临变为耕地的威胁；而欧洲的极北柳莺同样因沼泽大面积变为农田而在日益丧失它们的栖息地。

↗ 草绿篱莺
这种鸟经常不安地向下拍打着尾巴，遇到危险时还会发出一连串忽轻忽重的类似咬舌的"咯哒"声。